高等职业教育工程管理类专业系列教材

工程造价概论

主　编　何理礼

副主编　周　燕

参　编　魏成惠

主　审　贺　渝　汪　翔

机械工业出版社

本书共分为 6 个模块，包括：工程造价基础知识、建设项目总投资的费用组成及计算、工程造价的计价依据、工程计价定额的编制与应用、工程总承包项目管理和项目全过程工程咨询。

本书可作为高职高专院校工程造价等相关专业的教学用书，也可作为相关从业人士的业务参考书及培训用书。

本书配有电子课件，凡使用本书作为教材的教师可登录机械工业出版社教育服务网 www.cmpedu.com 下载。咨询电话：010-88379375。

图书在版编目（CIP）数据

工程造价概论/何理礼主编. —北京：机械工业出版社，2021.8
（2023.7 重印）
高等职业教育工程管理类专业系列教材
ISBN 978-7-111-68769-6

Ⅰ.①工… Ⅱ.①何… Ⅲ.①工程造价-高等职业教育-教材
Ⅳ.①TU723.3

中国版本图书馆 CIP 数据核字（2021）第 143900 号

机械工业出版社（北京市百万庄大街 22 号　邮政编码 100037）
策划编辑：王靖辉　责任编辑：王靖辉　沈百琦
责任校对：杨　帆　责任印制：常天培
北京机工印刷厂有限公司印刷
2023 年 7 月第 1 版第 2 次印刷
184mm×260mm·12.25 印张·298 千字
标准书号：ISBN 978-7-111-68769-6
定价：38.00 元

电话服务　　　　　　　　网络服务
客服电话：010-88361066　机　工　官　网：www.cmpbook.com
　　　　　010-88379833　机　工　官　博：weibo.com/cmp1952
　　　　　010-68326294　金　书　网：www.golden-book.com
封底无防伪标均为盗版　机工教育服务网：www.cmpedu.com

前　言

改革开放以来，工程造价管理随着经济体制的改革而不断变革，工程造价管理思想、方法和技术有了较大发展。本书立足于高职高专工程造价专业的学科定位、培养目标与知识结构，以二级注册造价工程师的能力要求为目标，结合目前先进的工程造价软硬件、数字造价技术的发展，在教材编审中，充分吸收了当前有关工程造价管理的法规、规章、政策，力求体现行业最新发展水平。本书编写思路及特点如下：

1. 响应"三教改革"方案——提升学生的综合职业能力

《国家职业教育改革实施方案》提出了"三教"（教师、教材、教法）改革的任务。其落脚点是培养适应行业、企业需要的复合型、创新型高素质技术技能人才，目的是提升学生的综合就业能力。本书在内容上打破学科体系、知识本位的束缚，加强与生产生活的联系，突出应用性与实践性，构建了工程造价、工程管理、建筑工程技术、道路桥梁工程技术等相关专业在工程造价基本原理及其实际应用方面所需的教学内容和体系，包含工程项目基本建设程序、一级、二级注册造价工程师管理制度、工程造价咨询企业管理制度、工程造价的含义及内容；建设项目总投资的费用项目组成及计算；工程计价的基本原理与方法；工程计价的依据；工程计价定额的编制与应用等。

2. 融入与专业教育、劳动教育结合的思政元素——实现学科育人和课程育人水乳交融

每模块开篇融入与内容紧密联系的思政元素，运用案例进行启发式教学，将社会主义核心价值观中的"爱国、敬业、诚信、友善"贯穿整个教学实践，不仅让学生学习专业课知识，更深入思考作为一名工程师的责任和使命，将工程师价值观和劳动教育寓于工程实践之中。

3. 体现"三全"数字化工程造价管理——对接行业企业新技术、新工艺、新方法

"三全"数字化工程造价管理即全过程数字化、全要素数字化、全参与方数字化。本书介绍了数字化工程造价管理的思想，同时简要介绍行业新技术：建设项目工程总承包项目管理办法及费用组成、BIM 技术在建设各阶段的应用、项目全过程工程咨询等。

4. 增加立体化配套资源——满足"互联网＋职业教育"的新需求

本书配套有大量的数字化资源，包括微课视频、电子课件、电子教案、造价师真题演练、测试题库等。学生可以通过扫描书中二维码观看，便于课前预习和课后复习。

本书建议开设学期和授课学时如下：

开设学期	建议授课总学时数	教学环节学时数	实践环节学时数
高职高专大一第二学期	60	30	30

本书由重庆工业职业技术学院何理礼任主编，重庆人文科技学院周燕任副主编，参与编写的还有重庆科创职业学院魏成惠。具体分工如下：模块1、3、5、6由何理礼编写；模块2由周燕编写；模块4由魏成惠编写。全书由重庆市渝北区重点建设和城市管线事务中心教授级高级工程师贺渝、中交重庆投资发展有限公司高级工程师汪翔审定。

本书编写过程中参考了许多相关书籍、规范和文献，在此向相关作者表示由衷感谢。限于编者的水平，书中可能存在缺点和不足之处，敬请大家批评指正。

编者

本书微课视频清单

名　称	图　形	所在页码	名　称	图　形	所在页码
基本建设程序相关知识		3	预算定额中人工、材料、机械台班单价的确定		76
工程造价的含义		32	预算定额概述		93
广义工程造价的构成		34	预算定额中人工、材料、机械消耗量		98
建筑安装工程费用项目组成（按费用构成要素划分）		37	预算定额的应用		104
建筑安装工程费用项目组成（按造价形成划分）		41	费用定额		111
建设工程计价原理		61	建设项目投资估算		160
施工定额人工消耗数量确定		72	设计概算		168
施工定额材料消耗数量的确定		72	施工图预算		178
施工定额中机械台班消耗量的确定		74			

目　录

模块1
工程造价基础知识

思维导图

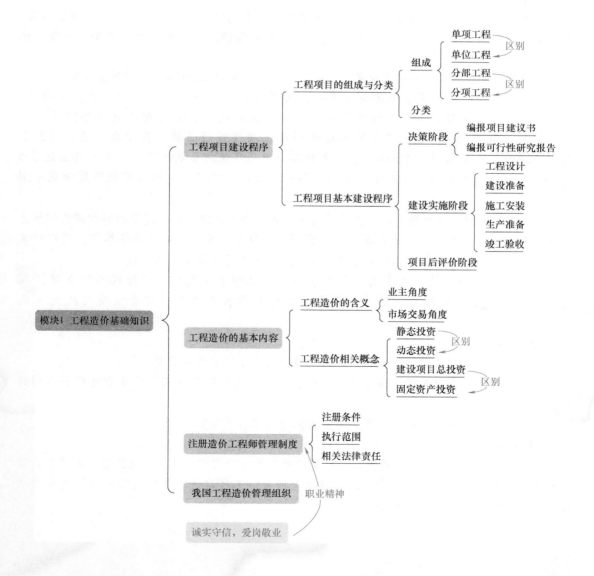

学习目标

1. 熟悉工程项目的含义、组成和分类、建设程序；
2. 熟悉工程造价的基本内容；
3. 熟悉工程造价管理的组织和内容；
4. 了解注册造价工程师管理制度。

思政园地

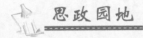

中国古代工程管理典型实践案例——万里长城

万里长城是世界工程建筑奇迹之一，被视为中国古代文明的象征，闻名于世。1987 年 12 月长城被列入《世界遗产名录》。

中国的长城是人类文明史上最伟大的建筑工程，它始建于两千多年前的春秋战国时期，秦朝统一之后连成万里长城。汉、明两代又曾大规模修筑。长城的工程之浩繁、气势之雄伟，堪称世界奇迹。

长城位于中国北部，东起山海关，西到嘉峪关，全长约 6700km，通称万里长城。

长城是中国也是世界上修建时间最长、工程量最大的一项古代防御工程，是由城、堡发展而来。它的修建持续了两千多年，根据历史记载，从公元前 7 世纪楚国筑"方城"开始，至明代共有二十多个诸侯国和封建王朝修筑过长城，其中秦、汉、明三个朝代长城的长度都超过了 5000km。如果把各个时代修筑的长城加起来，总长度超过了 5 万 km；如果把修建长城的砖石土方筑一道 1m 厚、5m 高的墙，这道墙可以环绕地球一周有余。

在两千多年的修筑过程中，我国劳动人民积累了丰富的经验，在建筑材料和建筑结构上遵循"就地取材，因材施用"的原则，既有夯土、块石片石、砖石混合等结构，又在沙漠中利用红柳枝条、芦苇和砂砾层层铺筑的结构，可谓"巧夺天工"的创造。

长城凝聚着中华民族祖先的血汗和智慧，象征着中华民族的血脉相承和智慧，既是具有丰富文化内涵的文化遗产，又是独具特色的自然景观，有着极高的历史文化意义。

【谈一谈】

1. 你对万里长城修建的历史以及该工程建设的特点还有哪些了解？

2. 长城的修建工期持续了两千多年，在我国古代建设项目的工程管理中你觉得会遇到哪些难题？

3. 如果你是万里长城的工程师，你会如何进行工程管理？

【课程引导】

每一个工程项目都是一个整体，必然遵循着它的生命周期。作为未来工程师的我们，接下来要一起来探索几个问题：什么是工程建设项目？工程建设项目应遵循什么样的生命周期？在每一个阶段我们能做什么？

单元 1　工程项目建设程序

一、工程项目分类和组成

1. 工程项目分类

为了适应科学管理需要，可从不同角度对工程项目进行分类。

（1）按建设性质划分

工程项目可分为新建项目、扩建项目、改建项目、迁建项目和恢复项目。注意，一个工程项目只能有一种性质，在工程项目按总体设计全部建成之前，其建设性质始终不变。

基本建设程序
相关知识

（2）按投资作用划分

工程项目可分为生产性项目和非生产性项目。

1）生产性项目。生产性项目是指直接用于物质资料生产或直接为物质资料生产服务的工程项目，主要包括工业建设项目、农业建设项目、基础设施建设项目、商业建设项目等。

2）非生产性项目。非生产性项目是指用于满足人民物质和文化、福利需要的建设项目和非物质资料生产部门的建设项目，主要包括办公建筑、居住建筑、公共建筑及其他非生产性项目。

（3）按项目规模划分

为适应分级管理需要，工程项目可分为不同等级。不同等级企业可承担不同等级工程项目。工程项目等级划分标准，根据各个时期经济发展和实际工作需要而有所变化。

（4）按投资效益和市场需求划分

工程项目可划分为竞争性项目、基础性项目和公益性项目。

1）竞争性项目。竞争性项目是指投资回报率比较高、竞争性比较强的工程项目。主要包括商务办公楼、酒店、度假村、高档公寓等工程项目。其投资主体一般为企业，由企业自主决策、自己承担投资风险。

2）基础性项目。基础性项目是指具有自然垄断性、建设周期长、投资额大而收益低的基础设施和需要政府重点扶持的一部分基础工业项目，以及直接增强国力的符合经济规模的支柱产业项目，主要包括交通、能源、水利、城市公用设施等方面的工程项目。政府应集中必要的财力、物力，通过经济实体投资建设这些工程项目，同时，还应广泛吸收企业参与投资，有时还可吸收外商直接投资。

3）公益性项目。公益性项目是指为社会发展服务，难以产生直接经济回报的工程项目，主要包括科技、文教、卫生、体育和环保等设施，公检法等政权机关以及政府机关、社会团体办公设施，国防建设等。公益性项目的投资主要来源于政府用财政资金。

（5）按投资来源划分

工程项目可划分为政府投资项目和非政府投资项目，如图 1-1 所示。

1）政府投资项目。政府投资项目在国外也称为公共工程，是指为了适应和推动国民经济或区域经济的发展，满足社会的文化、生活需要，以及出于政治、国防等因素的考虑，由

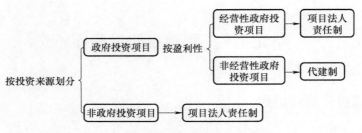

图 1-1　工程项目按投资来源分类图

政府通过财政投资、发行国债或地方财政债券、利用外国政府赠款以及国家财政担保的国内外金融组织的贷款等方式独资或合资兴建的工程项目。

2）非政府投资项目。非政府投资项目是指企业、集体单位、外商和私人投资兴建的工程项目。这类项目一般均实行项目法人责任制，使工程项目建设与运营实现一条龙管理。

按其盈利性质不同，政府投资项目又可分为经营性政府投资项目和非经营性政府投资项目。

经营性政府投资项目是指具有盈利性质的政府投资项目，政府投资的水利、电力、铁路等项目基本都属于经营性政府投资项目。经营性政府投资项目应实行项目法人责任制，由项目法人对项目的策划、资金筹措、建设实施、生产经营、债务偿还和资产的保值增值，实行全过程负责，使项目的建设与建成后的运营实现一条龙管理。

非经营性政府投资项目一般是指非盈利性的、主要追求社会效益最大化的公益性项目。学校、医院以及各行政、司法机关的办公楼等项目都属于非经营性政府投资项目。非经营性政府投资项目可实施"代建制"，由代建单位行使建设单位职责，待工程竣工验收后再移交给使用单位，从而使项目的"投资、建设、监管、使用"实现四分离。

2. 工程项目组成

工程项目可分为单项工程、单位（子单位）工程、分部（子分部）工程和分项工程，如图 1-2 所示。

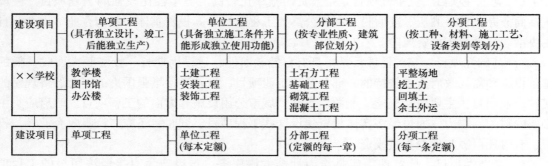

图 1-2　工程项目各组成部分关系图

（1）单项工程

单项工程是指具有独立的设计文件，建成后能够独立发挥生产能力、投资效益的一组配套齐全的工程项目。单项工程是工程项目的组成部分，一个工程项目有时可以仅包括一个单项工程，也可以包括多个单项工程。生产性工程项目的单项工程，一般是指能独立生产的车间，包括厂房建筑、设备安装等工程。

（2）单位（子单位）工程

单位工程是指具备独立施工条件并能形成独立使用功能的工程。对于建筑规模较大的单位工程，可将其能形成独立使用功能的部分作为一个子单位工程。根据现行国家标准《建筑工程施工质量验收统一标准》（GB 50300—2013）规定，具有独立施工条件和能形成独立使用功能是单位（子单位）工程划分的基本要求，单位工程是单项工程的组成部分。如工业厂房工程中的土建工程、设备安装工程、工业管道工程等就是单项工程所包含的不同性质的单位工程。有的工程项目没有单项工程，而是直接由若干单位工程组成。

（3）分部（子分部）工程

分部工程是指将单位工程按专业性质、建筑部位等划分的工程。根据现行国家标准《建筑工程施工质量验收统一标准》（GB 50300—2013）规定，建筑工程包括地基与基础、主体结构、装饰装修、屋面、给排水及采暖、通风与空调、建筑电气、智能建筑、建筑节能、电梯等分部工程。

当分部工程较大或较复杂时，可按材料种类、工艺特点、施工程序、专业系统及类别等划分为若干子分部工程。例如，地基与基础分部工程又可细分为地基、基础、基坑支护、地下水控制、土方、边坡、地下防水等子分部工程；主体结构分部工程又可细分为混凝土结构、砌体结构、钢结构、木结构、钢管混凝土结构、型钢-混凝土结构、铝合金结构等子分部工程；装饰装修分部工程又可细分为地面、抹灰、门窗、吊顶、幕墙（金属、石材）、轻质隔墙、饰面（板、砖）、涂饰、被糊与软包、外墙防水等子分部工程；智能建筑分部工程又可细分为通信网络系统、计算机网络系统、建筑设备监控系统、火灾报警及消防联动系统、会议系统与信息导航系统、专业应用系统、安全防范系统、综合布线系统、智能化集成系统、电源与接地、计算机机房工程、住宅（小区）智能化系统等子分部工程。

（4）分项工程

分项工程是指将分部工程按主要工种、材料、施工工艺、设备类别等划分的工程。例如，土方开挖、土方回填、钢筋、模板、混凝土、砖砌体、木门窗制作与安装、钢结构基础等分项工程。分项工程是工程项目施工生产活动的基础，也是计量工程用工用料和机械台班消耗的基本单元；同时，又是工程质量形成的直接过程。分项工程既有其作业活动的独立性，又有相互联系、相互制约的整体性。

二、工程项目建设程序

1. 建设程序的含义和内容

建设程序是指工程项目从策划、评估决策、设计、施工到竣工验收、投入生产或交付使用整个过程中，各项工作必须遵循的先后次序，如图 1-3 所示。工程项目建设程序是工程建设过程客观规律的反映，是工程项目科学决策和顺利实施的重要保证。政府通过行政审批和设立项目法人责任制、项目投资咨询评估制、资本金制度、工程招投标制度、工程建设监理制度等制度，保证工程项目按建设程序实施，实现工程项目的预期目标。

按照我国现行规定，政府投资项目建设程序可以分为以下阶段：

1）根据国民经济和社会发展长远规划，结合行业和地区发展规划的要求，提出项目建议书。

2）在勘察、试验、调查研究及详细技术经济论证的基础上编制可行性研究报告。

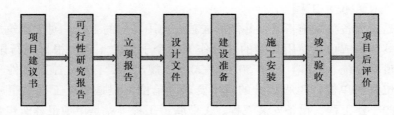

图 1-3 我国现行基本建设程序示意图

3）根据咨询评估情况，对工程项目进行决策，编写立项报告。

4）根据可行性研究报告，编制设计文件。

5）初步设计经批准后，进行施工图设计，并做好施工前各项准备工作。

6）组织施工，并根据施工进度做好生产或动用前的准备工作。

7）按批准的设计内容完成施工安装，经验收合格后正式投产或交付使用。

8）生产运营一段时间（一般为1年）后，可根据需要进行项目后评价。

2. 决策阶段工作内容

（1）编报项目建议书

项目建议书是拟建项目单位向国家提出的要求建设某一项目的建议文件，是对工程项目建设的轮廓设想，项目建议书的主要作用是推荐一个拟建项目，论述其建设必要性、建设条件可行性和获利可能性，供国家选择并确定是否进行下一步工作。

项目建议书内容视项目不同而有繁有简，但一般应包括以下内容：

1）提出的必要性和依据。

2）规划和设计方案、产品方案、拟建规模和建设地点的初步设想。

3）资源情况、建设条件、协作关系和设备技术引进国别、厂商的初步分析。

4）投资估算、资金筹措及还贷方案设想。

5）项目进度安排。

6）经济效益和社会效益的初步估计。

7）环境影响的初步评价。

对于政府投资项目，项目建议书按要求编制完成后，应根据建设规模和限额划分报送有关部门审批。项目建议书经批准后，可进行可行性研究工作，但并不表明项目非上不可，批准的项目建议书不是项目的最终决策。

（2）编报可行性研究报告

可行性研究是对工程项目在技术上是否可行和经济上是否合理进行科学的分析和论证。

1）可行性研究的工作内容。可行性研究应完成以下工作内容：

① 进行需求分析与市场研究，以解决项目建设的必要性及建设规模和标准等问题；

② 进行设计方案、工艺技术方案研究，以解决项目建设的技术可行性问题；

③ 进行财务和经济分析，以解决项目建设的经济合理性问题。

凡经可行性研究未通过的项目，不得进行下一步工作。

2）可行性研究报告的内容。可行性研究工作完成后，需要编写反映其全部工作成果的可行性研究报告。各类项目的可行性研究报告内容不尽相同，对一般工业项目而言，其可行性研究报告应包括以下基本内容：

①　项目提出的背景、项目概况及投资的必要性；

②　产品需求、价格预测及市场风险分析；

③　资源条件评价（对资源开发项目而言）；

④　建设规模及产品方案的技术经济分析；

⑤　建厂条件与厂址方案；

⑥　技术方案、设备方案和工程方案；

⑦　主要原材料、燃料供应；

⑧　总图、运输与公共辅助工程；

⑨　节能、节水措施；

⑩　环境影响评价；

⑪　劳动安全卫生与消防；

⑫　组织机构与人力资源配置；

⑬　项目实施进度；

⑭　投资估算及融资方案；

⑮　财务评价和国民经济评价；

⑯　社会评价和风险分析；

⑰　研究结论与建议。

（3）项目投资决策管理制度

根据《国务院关于投资体制改革的决定》（国发［2004］20号），政府投资项目实行审批制；非政府投资项目实行核准制或登记备案制。

1）政府投资项目。对于采用直接投资和资本金注入方式的政府投资项目，政府需要从投资决策的角度审批项目建议书和可行性研究报告。除特殊情况外，不再审批开工报告，同时还要严格审批其初步设计和概算，如图1-4所示。

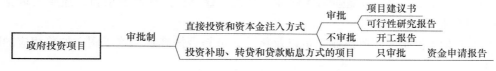

图1-4　政府投资项目审批制

2）非政府投资项目。对于企业不使用政府资金投资建设的项目，政府不再进行投资决策性质的审批，区别不同情况实行核准制或登记备案制。

①　核准制。企业投资建设《政府核准的投资项目目录》中的项目时，实行核准制，仅需向政府提交项目申请报告，不再经过批准项目建议书、可行性研究报告和开工报告的程序。

②　登记备案制。对于《政府核准的投资项目目录》以外的企业投资项目，实行登记备案制。除国家另有规定外，由企业按照属地原则向地方政府投资主管部门登记备案。

对于实行核准制或登记备案制的项目，虽然政府不再审批项目建议书和可行性研究报告，但并不意味着企业不需要编制可行性研究报告。为了保证企业投资决策的质量，投资企业也应编制可行性研究报告。

3. 建设实施阶段工作内容

（1）工程设计

1）工程设计的各阶段及其内容。工程项目的设计工作一般划分为两个阶段，即初步设计和施工图设计阶段。重大项目和技术复杂项目，可根据需要增加技术设计阶段。

① 初步设计。初步设计是根据可行性研究报告的要求所做的具体实施方案，目的是阐明在指定的地点、时间和投资控制数额内，拟建项目在技术上的可行性和经济上的合理性，并通过对工程项目所做的基本技术经济规定，编制项目总概算。

初步设计不得随意改变已批准的可行性研究报告所确定的建设规模、产品方案、工程标准、建设地址和总投资等控制目标。如果初步设计提出的总概算超过可行性研究报告总投资的 10% 以上或其他主要指标需要变更时，应说明原因和计算依据，并重新向原审批单位报批可行性研究报告。

② 技术设计。应根据初步设计和更详细的调查研究资料编制技术设计文件，以进一步解决初步设计中的重大技术问题，如工艺流程、建筑结构、设备选型及数量确定等，使工程项目的设计更具体、更完善，技术指标更好。

③ 施工图设计。根据初步设计或技术设计的要求，结合现场实际情况，完整地表现建筑物外形、内部空间分割、结构体系、构造状况以及建筑群的组成和周围环境的配合。它还包括各种运输、通信、管道系统、建筑设备的设计。在工艺方面，应具体确定各种设备的型号、规格及各种非标准设备的制造加工图。

2）施工图设计文件的审查。根据《房屋建筑和市政基础设施工程施工图设计文件审查管理办法》（住建部令第 13 号），建设单位应当将施工图送施工图审查机构审查，但审查机构不得与所审查项目的建设单位、勘察设计企业有隶属关系或者其他利害关系。施工图审查机构对施工图审查的内容包括：

① 是否符合工程建设强制性标准；

② 地基基础和主体结构的安全性；

③ 是否符合民用建筑节能强制性标准，对执行绿色建筑标准的项目，还应当审查是否符合绿色建筑标准；

④ 勘察设计企业和注册执业人员以及相关人员是否按规定在施工图上加盖相应的图章和签字；

⑤ 法律、法规、规章规定必须审查的其他内容。

任何单位或者个人不得擅自修改审查合格的施工图。确需修改的，凡涉及上述审查内容的，建设单位应当将修改后的施工图送原审查机构审查。

备注：截止到 2020 年 3 月，全国已有多个省市（山西、陕西、深圳）宣布全面取消施工图审查（青岛、南京部分取消），并明确具体时间，对全国有示范作用。

（2）建设准备

项目在开工建设之前要切实做好各项准备工作，其主要内容包括：

1）征地、拆迁和场地平整。

2）完成施工用水、电、通信、道路等接通工作。

3）组织招标选择工程监理单位、施工单位及设备、材料供应商。

4）准备必要的施工图纸。

5）办理工程质量监督和施工许可证。

（3）施工安装

工程项目经批准新开工建设，项目即进入施工安装阶段。项目新开工时间，是指项目设计文件中规定的任何一项永久性工程第一次正式破土开槽开始施工的日期。不需要开槽的工程，正式开始打桩的日期就是开工日期。铁路、公路、水库需要进行大量土石方工程的，以开始进行土方、石方工程的日期作为正式开工日期。工程地址勘察、平整场地、旧建筑物的拆除、临时建筑、施工用临时道路和水、电等工程开始施工的日期不能算作正式开工日期。

（4）生产准备

对生产性项目而言，生产准备是项目投产前由建设单位进行的一项重要工作。它是衔接建设和生产的桥梁，是项目建设转入生产经营的必要条件。建设单位应适时组成专门机构做好生产准备工作，确保项目建成后能及时投产。

（5）竣工验收

当工程项目按设计文件的规定内容和施工图纸的要求全部建成以后，便可组织验收。竣工验收是投资成果转入生产或使用的标志，也是全面考核工程建设成果、检验设计和工程质量的重要步骤。

施工安装活动应按照工程设计要求、施工合同及施工组织设计，在保证工程质量、工期、成本及安全、环保等目标的前提下进行，达到竣工验收标准后，由施工单位移交给建设单位。

1）竣工验收的范围和标准。

按照国家规定，工程项目按批准的设计文件所规定的内容建成，符合验收标准，即工业项目经过投料试车（带负荷运转）合格，形成生产能力的；非工业项目符合设计要求，能够正常使用的，都应及时组织验收，办理固定资产移交手续。

2）竣工验收的准备工作。

整理技术资料，主要包括土建施工、设备安装方面及各种有关的文件、合同和试生产情况报告等；绘制竣工图，工程项目竣工图是真实记录各种地下、地上建筑物等详细情况的技术文件，是对工程进行交工验收、维护、扩建、改建的依据，同时也是使用单位长期保存的技术资料。关于绘制竣工图的规定如下：

① 凡按图施工没有变动的，由施工承包单位在原施工图上加盖"竣工图"标志后即作为竣工图；

② 凡在施工中，虽有一般性设计变更，但能将原施工图加以修改补充作为竣工图的，可不重新绘制，由施工承包单位负责在原施工图（必须新蓝图）上注明修改部分，并附以设计变更通知单和施工说明，加盖"竣工图"标志后即作为竣工图；

③ 凡结构形式改变、工艺改变、平面布置改变、项目改变以及其他重大改变，不宜再在原施工图上修改补充者，应重新绘制改变后的竣工图。由于设计原因造成的，由设计单位负责重新绘制；由于施工原因造成的，由施工单位负责重新绘图；由于其他原因造成的，由建设单位自行绘制或委托设计单位绘制，施工单位负责在新图上加盖"竣工图"标志，并附以有关记录和说明，作为竣工图。

竣工图必须准确、完整，符合归档要求，方能交工验收。

3）竣工验收的程序和组织。

根据国家规定，规模较大、较复杂的工程建设项目应先进行初验，然后进行正式验收。规模较小、较简单的工程项目，可以一次进行全部项目的竣工验收。

工程项目全部建设完毕，经过各单位工程的验收，符合设计要求，并具备竣工图、竣工决算、工程总结等必要文件资料，由项目主管部门或建设单位向负责验收的单位提出竣工验收申请报告。

竣工验收要根据投资主体、工程规模及复杂程度由国家有关部门或建设单位组成验收委员会或验收组。验收委员会或验收组负责审查工程建设的各个环节，听取各有关单位的工作汇报。审阅工程档案、实地查验建筑安装工程实体，对工程设计、施工和设备质量等做出全面评价。不合格的工程不予验收。对遗留问题要提出具体解决意见，限期落实完成。

4. 项目后评价

项目后评价是工程项目实施阶段管理的延伸。工程项目竣工验收或通过销售交付使用，只是工程建设完成的标志，而不是工程项目管理的终结。工程项目建设和运营是否达到投资决策时所确定的目标，只有经过生产经营或销售取得实际投资效果后，才能进行正确的判断；也只有在这时，才能对工程项目进行总结和评估，才能综合反映工程项目建设和工程项目管理各环节工作的成效和存在的问题，并为以后改进工程项目管理、提高工程项目管理水平、制定科学的工程项目管理计划提供依据。

项目后评价的基本方法就是对比法，即将工程项目建成投产后所取得的实际效果、经济效益和社会效益、环境保护等情况与前期决策阶段的预测情况进行对比，与项目建设前的情况相对比，从中发现问题，总结经验教训。

真题演练

1. （单选）根据《国务院关于投资体制改革的决定》，实施核准制的项目，企业应当向政府主管部门提交（　　）。

A. 项目建议书　　　　　　　　　　B. 项目可行性研究报告

C. 项目申请报告　　　　　　　　　D. 项目开工报告

2. （单选）根据《建筑工程施工质量验收统一标准》（GB 50300—2013），下列工程中，属于分项工程的是（　　）。

A. 计算机机房工程　　　　　　　　B. 轻钢结构工程

C. 土方开挖工程　　　　　　　　　D. 外墙防水工程

3. （单选）下列工程中，属于分部工程的是（　　）。

A. 既有工厂的车间扩建工程　　　　B. 工业车间的设备安装工程

C. 房屋建筑的装饰装修工程　　　　D. 学校新校区建设项目

4. （单选）根据《国务院关于投资体制改革的决定》，对于采用贷款贴息方式的政府投资项目，政府需要审批（　　）。

A. 项目建议书　　　　　　　　　　B. 可行性研究报告

C. 工程概算　　　　　　　　　　　D. 资金申请报告

5. （单选）根据《国务院关于投资体制改革的决定》实行备案制的项目是（　　）。

A. 政府直接投资的项目

　　B. 采用资金注入方式的政府投资项目

　　C. 《政府核准的投资项目目录》外的企业投资项目

　　D. 《政府核准的投资项目目录》内的企业投资项目

　　6. （单选）根据《国务院关于投资体制改革的决定》，对于采用直接投资和资本金注入方式的政府投资项目，除特殊情况外，政府主管部门不再审批（　　）。

　　A. 项目建议书　　　　　　　　　　　B. 项目初步设计

　　C. 项目开工报告　　　　　　　　　　D. 项目可行性研究报告

　　7. （单选）在我国，重大项目的设计工作不包括（　　）阶段。

　　A. 初步设计　　　　　　　　　　　　B. 施工图设计

　　C. 技术设计　　　　　　　　　　　　D. 概念设计

　　8. （多选）根据《建筑工程施工质量验收统一标准》（GB 50300—2013），下列工程中，属于分部工程的有（　　）。

　　A. 砌体结构工程　　　　　　　　　　B. 智能建筑工程

　　C. 建筑节能工程　　　　　　　　　　D. 土方回填工程

　　E. 装饰装修工程

　　9. （多选）建设单位在办理工程质量监督注册手续时需提供的资料有（　　）。

　　A. 中标通知书　　　　　　　　　　　B. 施工进度计划

　　C. 施工方案　　　　　　　　　　　　D. 施工组织设计

　　E. 监理规划

单元 2　造价工程师管理制度

一、造价工程师素质要求和职业道德行为准则

　　造价工程师是指通过职业资格考试取得中华人民共和国造价工程师职业资格证书，并经注册后从事建设工程造价工作的专业技术人员。根据《造价工程师职业资格制度规定》，国家设置造价工程师准入类职业资格，纳入国家职业资格目录。工程造价咨询企业应配备造价工程师，工程建设活动中有关工程造价管理岗位按需要配备造价工程师。造价工程师分为一级造价工程师和二级造价工程师。

　　1. 造价工程师素质要求

　　造价工程师的职责关系到国家和社会公众利益，对其专业和身体素质的要求包括以下几个方面：

　　1）造价工程师是复合型专业管理人才。作为工程造价管理者，造价工程师应是具备工程、经济和管理知识与实践经验的高素质复合型专业人才。

　　2）造价工程师应具备一定的技术技能。技术技能是指能应用知识、方法、技术及设备来达到特定任务的能力。

　　3）造价工程师应具备一定的人文技能。人文技能是指与人共事的能力和判断力。造价工程师应具有高度的责任心和协作精神，善于与业务合作有关的各方人员沟通、协作，共同

完成工程造价管理工作。

4）造价工程师应具备组织管理能力。造价工程师应能了解整个组织及自己在组织中的地位，并具有一定的组织管理能力，面对机遇和挑战，能够积极进取、勇于开拓。

5）造价工程师应具有健康体魄。健康的心理和较好的身体素质是造价工程师适应紧张、繁忙工作的基础。

2. 造价工程师职业道德行为准则

为了规范造价工程师的职业道德行为，提高行业声誉，造价工程师在执业中应信守以下职业道德行为准则：

遵守国家法律、法规和政策，执行行业自律性规定，珍惜职业声誉，自觉维护国家和社会公共利益。遵守"诚信、公正、精业、进取"的原则，以高质量的服务和优秀的业绩，赢得社会和客户对造价工程师职业的尊重。勤奋工作，独立、客观、公正、正确地出具工程造价成果文件，使客户满意。诚实守信，尽职尽责，不得有欺诈、伪造、作假等行为。尊重同行，公平竞争，搞好同行之间的关系，不得采取不正当的手段损害、侵犯同行的权益。廉洁自律，不得索取、收受委托合同约定以外的礼金和其他财物，不得利用职务之便谋取其他不正当的利益。造价工程师与委托方有利害关系的应当回避，委托方有权要求其回避。知悉客户的技术和商务秘密，负有保密义务。接受国家和行业自律性组织对其职业道德行为的监督检查。

二、造价工程师职业资格考试、注册和执业

为了加强建设工程造价管理专业人员的执业准入管理，确保建设工程造价管理工作质量，维护国家和社会公共利益，我国确立了造价工程师执业资格制度。注册造价工程师是指通过土木建筑工程或者安装工程专业造价工程师职业资格考试取得造价工程师职业资格证书或者通过资格认定、资格互认，并按照有关规定注册后，从事工程造价活动的专业人员。凡从事工程建设活动的建设、设计、施工、工程造价咨询、工程造价管理等单位和部门，必须在计价、评估、审查（核）、控制及管理岗位配备有造价工程师执业资格的专业技术管理人员。我国造价工程师职业资格制度如图 1-5 所示。

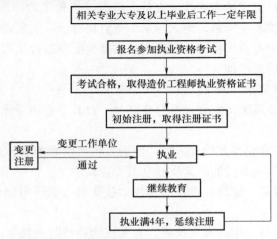

图 1-5　我国造价工程师职业资格制度图

1. 职业资格考试

自 2018 年起造价工程师分为一级造价工程师和二级造价工程师。一级造价工程师职业资格考试全国统一大纲、统一命题、统一组织。二级造价工程师职业资格考试全国统一大纲，各省、自治区、直辖市自主命题并组织实施。一级和二级造价工程师职业资格考试均设置基础科目和专业科目。

（1）报考条件

一级造价工程师报考条件：

凡遵守中华人民共和国宪法、法律法规，具有良好的业务素质和道德品行，具备下列条件之一者，可以申请一级造价工程师职业资格考试。

① 具有工程造价专业大学专科（或高等职业教育）学历，从事工程造价业务工作满 5 年；具有土木建筑、水利、装备制造、交通运输、电子信息、财经商贸大类大学专科（或高等职业教育）学历，从事工程造价业务工作满 6 年。

② 具有通过工程教育专业评估（认证）的工程管理、工程造价专业大学本科学历或学位，从事工程造价业务工作满 4 年；具有工学、管理学、经济学门类大学本科学历或学位，从事工程造价业务工作满 5 年。

③ 具有工学、管理学、经济学门类硕士学位或者第二学士学位，从事工程造价业务工作满 3 年。

④ 具有工学、管理学、经济学门类博士学位，从事工程造价业务工作满 1 年。

⑤ 具有其他专业相应学历或者学位的人员，从事工程造价业务工作年限相应增加 1 年。

二级造价工程师报考条件：

① 凡遵守中华人民共和国宪法、法律法规，具有良好的业务素质和道德品行，具备下列条件之一者，可以申请二级造价工程师职业资格考试。

具有工程造价专业大学专科（或高等职业教育）学历，从事工程造价业务工作满 2 年；具有土木建筑、水利、装备制造、交通运输、电子信息、财经商贸大类大学专科（或高等职业教育）学历，从事工程造价业务工作满 3 年。

② 具有工程管理、工程造价专业大学本科及以上学历或学位，从事工程造价业务工作满 1 年；具有工学、管理学、经济学门类大学本科及以上学历或学位，从事工程造价业务工作满 2 年。

③ 具有其他专业相应学历或学位的人员，从事工程造价业务工作年限相应增加 1 年。

（2）考试科目

一级造价工程师职业资格考试设 4 个科目：建设工程造价管理、建设工程计价为基础科目，建设工程技术与计量、建设工程造价案例分析为专业科目。

二级造价工程师职业资格考试设 2 个科目：建设工程造价管理基础知识和建设工程计量与计价实务，其中建设工程造价管理基础知识为基础科目，建设工程计量与计价实务为专业科目。

造价工程师职业资格考试科目分为 4 个专业方向，即土木建筑工程、交通运输工程、水利工程和安装工程，考生在报名时可根据实际工作需要选择其一。

（3）职业资格证书

一级造价工程师职业资格考试合格者，由各省、自治区、直辖市人力资源社会保障行政主管部门颁发中华人民共和国一级造价工程师职业资格证书。该证书由人力资源社会保障部统一印制，住房和城乡建设部、交通运输部、水利部按专业类别分别与人力资源社会保障部用印，在全国范围内有效。

二级造价工程师职业资格考试合格者，由各省、自治区、直辖市人力资源社会保障行政主管部门颁发中华人民共和国二级造价工程师职业资格证书。该证书由人力资源社会保障部统一印制，住房和城乡建设部、交通运输部、水利部按专业类别分别与人力资源社会部保障部用印，原则上在所在行政区域内有效。各地可根据实际情况制定跨区域认可办法。

2. 职业资格注册

国家对造价工程师职业资格实行执业注册管理制度。取得造价工程师职业资格证书且从事工程造价相关工作的人员，经注册方可以造价工程师名义执业。

（1）注册条件

注册造价工程师的注册条件为：

① 取得职业资格；

② 受聘于一个工程造价咨询企业或者工程建设领域的建设、勘察设计、施工、招标代理、工程监理、工程造价管理等单位；

③ 无《注册造价工程师管理办法》第十三条不予注册的情形。

（2）初始注册

取得职业资格证书的人员，可自职业资格证书签发之日起1年内申请初始注册。逾期未申请者，须符合继续教育的要求后方可申请初始注册。初始注册的有效期为4年。

申请初始注册的，应当提交下列材料：

① 初始注册申请表；

② 职业资格证书和身份证原件；

③ 与聘用单位签订的劳动合同；

④ 取得职业资格证书的人员，自职业资格证书签发之日起1年后申请初始注册的，应当提供当年的继续教育合格证明；

⑤ 外国人应当提供外国人就业许可证书。

申请初始注册时，造价工程师本人和单位应当对下列事项进行承诺，并由注册机关调查核实：受聘于工程造价岗位，聘用单位为其交纳社会基本养老保险或者已办理退休。

（3）延续注册

注册造价工程师注册有效期满需继续执业的，应当在注册有效期满30日前，按照本办法规定的程序申请延续注册。延续注册的有效期为4年。

申请延续注册的，应当提交下列材料：

① 延续注册申请表；

② 注册证书；

③ 与聘用单位签订的劳动合同；

④ 继续教育合格证明。

申请延续注册时，造价工程师本人和单位应对其前一个注册的工作业绩进行承诺，并由注册机关调查核实。

（4）变更注册

在注册有效期内，注册造价工程师变更执业单位的，应当与原聘用单位解除劳动合同，并按照规定的程序，到新聘用单位工商注册所在地的省、自治区、直辖市人民政府住房城乡建设主管部门或者国务院有关专业部门办理变更注册手续。变更注册后延续原注册有效期。

申请变更注册的，应当提交下列材料：

① 变更注册申请表；

② 注册证书；

③ 与新聘用单位签订的劳动合同。

申请变更注册时，造价工程师本人和单位应当对下列事项进行承诺，并由注册机关调查核实：与原聘用单位解除劳动合同，聘用单位为其交纳社会基本养老保险或者已办理退休。

（5）注册的其他规定

符合注册条件的人员申请注册的，可以向聘用单位工商注册所在地的省、自治区、直辖市人民政府住房城乡建设主管部门或者国务院有关专业部门提交申请材料。

申请一级注册造价工程师初始注册，省、自治区、直辖市人民政府住房城乡建设主管部门或者国务院有关专业部门收到申请材料后，应当在 5 日内将申请材料报国务院住房城乡建设主管部门。国务院住房城乡建设主管部门在收到申请材料后，应当依法做出是否受理的决定，并出具凭证；申请材料不齐全或者不符合法定形式的，应当在 5 日内一次性告知申请人需要补正的全部内容。逾期不告知的，自收到申请材料之日起即为受理。国务院住房城乡建设主管部门应当自受理之日起 20 日内做出决定。

申请二级注册造价工程师初始注册，省、自治区、直辖市人民政府住房城乡建设主管部门收到申请材料后，应当依法做出是否受理的决定，并出具凭证；申请材料不齐全或者不符合法定形式的，应当在 5 日内一次性告知申请人需要补正的全部内容。逾期不告知的，自收到申请材料之日起即为受理。省、自治区、直辖市人民政府住房城乡建设主管部门应当自受理之日起 20 日内做出决定。

申请一级注册造价工程师变更注册、延续注册，省、自治区、直辖市人民政府住房城乡建设主管部门或者国务院有关专业部门收到申请材料后，应当在 5 日内将申请材料报国务院住房城乡建设主管部门，国务院住房城乡建设主管部门应当自受理之日起 10 日内做出决定。

申请二级注册造价工程师变更注册、延续注册，省、自治区、直辖市人民政府住房城乡建设主管部门收到申请材料后，应当自受理之日起 10 日内做出决定。

注册造价工程师的初始、变更、延续注册，通过全国统一的注册造价工程师注册信息管理平台实行网上申报、受理和审批。

（6）不予注册的情形

有下列情形之一的，不予注册：

① 不具有完全民事行为能力的；

② 申请在两个或者两个以上单位注册的；

③ 未达到造价工程师继续教育合格标准的；

④ 前一个注册期内工作业绩达不到规定标准或未办理暂停执业手续而脱离工程造价业务岗位的；

⑤ 受刑事处罚，刑事处罚尚未执行完毕的；

⑥ 因工程造价业务活动受刑事处罚，自刑事处罚执行完毕之日起至申请注册之日止不满 5 年的；

⑦ 因前项规定以外原因受刑事处罚，自处罚决定之日起至申请注册之日止不满 3 年的；

⑧ 被吊销注册证书，自被处罚决定之日起至申请注册之日止不满 3 年的；

⑨ 以欺骗、贿赂等不正当手段获准注册被撤销，自被撤销注册之日起至申请注册之日止不满 3 年的；

⑩ 法律、法规规定不予注册的其他情形。

被注销注册或者不予注册者，在具备注册条件后重新申请注册的，按照规定的程序办理。

（7）注册证书和执业印章的管理规定

准予注册的，由国务院住房城乡建设主管部门或者省、自治区、直辖市人民政府住房城乡建设主管部门（以下简称注册机关）核发注册造价工程师注册证书，注册造价工程师按照规定自行制作执业印章。注册证书和执业印章是注册造价工程师的执业凭证，由注册造价工程师本人保管、使用。注册证书、执业印章的样式以及编码规则由国务院住房城乡建设主管部门统一制定。一级注册造价工程师注册证书由国务院住房城乡建设主管部门印制；二级注册造价工程师注册证书由省、自治区、直辖市人民政府住房城乡建设主管部门按照规定分别印制。注册造价工程师遗失注册证书，应当按照规定的延续注册程序申请补发，并由注册机关在官网发布信息。

3．执业

（1）注册造价工程师的执业范围

一级造价工程师的执业范围包括建设项目全过程的工程造价管理与咨询等，具体工作内容包括：

1）项目建议书、可行性研究投资估算与审核，项目评价造价分析；

2）建设工程设计概算、施工图预算编制和审核；

3）建设工程招标文件工程量和造价的编制与审核；

4）建设工程合同价款、结算价款、竣工决算价款的编制与管理；

5）建设工程审计、仲裁、诉讼、保险中的造价鉴定，工程造价纠纷调解；

6）建设工程计价依据、造价指标的编制与管理；

7）与工程造价管理有关的其他事项。

二级造价工程师主要协助一级造价工程师开展相关工作，可独立开展以下具体工作：

1）建设工程工料分析、计划、组织与成本管理，施工图预算、设计概算编制；

2）建设工程量清单、最高投标限价、投标报价编制；

3）建设工程合同价款、结算价款和竣工决算价款的编制。

（2）注册造价工程师享有的权利

1）使用注册造价工程师名称；

2）依法从事工程造价业务；

3）在本人执业活动中形成的工程造价成果文件上签字并加盖执业印章；

4）发起设立工程造价咨询企业；

5）保管和使用本人的注册证书和执业印章；

6）参加继续教育。

（3）注册造价工程师应当履行的义务

1）遵守法律、法规、有关管理规定，恪守职业道德；

2）保证执业活动成果的质量；

3）接受继续教育，提高执业水平；

4）执行工程造价计价标准和计价方法；

5）与当事人有利害关系的，应当主动回避；

6）保守在执业中知悉的国家秘密和他人的商业、技术秘密。

（4）注册造价工程师的法律责任

应当根据执业范围，在本人形成的工程造价成果文件上签字并加盖执业印章，并承担相应的法律责任。最终出具的工程造价成果文件应当由一级注册造价工程师审核并签字盖章。

修改经注册造价工程师签字盖章的工程造价成果文件，应当由签字盖章的注册造价工程师本人进行；注册造价工程师本人因特殊情况不能进行修改的，应当由其他注册造价工程师修改，并签字盖章；修改工程造价成果文件的注册造价工程师对修改部分承担相应的法律责任。

（5）注册造价工程师不得有下列行为

1）不履行注册造价工程师义务；

2）在执业过程中，索贿、受贿或者谋取合同约定费用外的其他利益；

3）在执业过程中实施商业贿赂；

4）签署有虚假记载、误导性陈述的工程造价成果文件；

5）以个人名义承接工程造价业务；

6）允许他人以自己名义从事工程造价业务；

7）同时在两个或者两个以上单位执业；

8）涂改、倒卖、出租、出借或者以其他形式非法转让注册证书或者执业印章；

9）超出执业范围、注册专业范围执业；

10）法律、法规、规章禁止的其他行为。

在注册有效期内，注册造价工程师因特殊原因需要暂停执业的，应当到注册机关办理暂停执业手续，并交回注册证书和执业印章。

注册造价工程师应当适应岗位需要和职业发展的要求，按照国家专业技术人员继续教育的有关规定接受继续教育，更新专业知识，提高专业水平。

4. 监督管理

（1）一般规定

县级以上人民政府住房城乡建设主管部门和其他有关部门应当依照有关法律、法规和本办法的规定，对注册造价工程师的注册、执业和继续教育实施监督检查。国务院住房城乡建设主管部门应当将造价工程师注册信息告知省、自治区、直辖市人民政府住房城乡建设主管部门和国务院有关专业部门。省、自治区、直辖市人民政府住房城乡建设主管部门应当将造价工程师注册信息告知本行政区域内市、县人民政府住房城乡建设主管部门。

县级以上人民政府住房城乡建设主管部门和其他有关部门依法履行监督检查职责时，有权采取下列措施：

1）要求被检查人员提供注册证书；

2）要求被检查人员所在聘用单位提供有关人员签署的工程造价成果文件及相关业务文档；

3）就有关问题询问签署工程造价成果文件的人员；

4）纠正违反有关法律、法规和本办法及工程造价计价标准和计价办法的行为。

注册造价工程师违法从事工程造价活动的，违法行为发生地县级以上地方人民政府住房城乡建设主管部门或者其他有关部门应当依法查处，并将违法事实、处理结果告知注册机关；依法应当撤销注册的，应当将违法事实、处理建议及有关材料报注册机关。

注册造价工程师及其聘用单位应当按照有关规定，向注册机关提供真实、准确、完整的注册造价工程师信用档案信息。

注册造价工程师信用档案应当包括造价工程师的基本情况、业绩、良好行为、不良行为等内容。违法违规行为、被投诉举报处理、行政处罚等情况应当作为造价工程师的不良行为记入其信用档案。注册造价工程师信用档案信息按有关规定向社会公示。

（2）注册证书失效的情形

1）已与聘用单位解除劳动合同且未被其他单位聘用的；

2）注册有效期满且未延续注册的；

3）死亡或者不具有完全民事行为能力的；

4）其他导致注册失效的情形。

（3）撤销注册的情形

注册机关或者其上级行政机关依据职权或者根据利害关系人的请求，可以撤销注册的情形：

1）行政机关工作人员滥用职权、玩忽职守做出准予注册许可的；

2）超越法定职权做出准予注册许可的；

3）违反法定程序做出准予注册许可的；

4）对不具备注册条件的申请人做出准予注册许可的；

5）依法可以撤销注册的其他情形。

申请人以欺骗、贿赂等不正当手段获准注册的，应当予以撤销。

（4）收回注册证书和执业印章或者公告其注册证书和执业印章作废的情形

由注册机关办理注销注册手续，收回注册证书和执业印章或者公告其注册证书和执业印章作废的情形：

1）有《注册造价工程师管理办法》第二十七条所列情形发生的；

2）依法被撤销注册的；

3）依法被吊销注册证书的；

4）受到刑事处罚的；

5）法律、法规规定应当注销注册的其他情形。

注册造价工程师有前款所列情形之一的，注册造价工程师本人和聘用单位应当及时向注册机关提出注销注册申请；有关单位和个人有权向注册机关举报；县级以上地方人民政府住房城乡建设主管部门或者其他有关部门应当及时告知注册机关。

5. 法律责任

隐瞒有关情况或者提供虚假材料申请造价工程师注册的，不予受理或者不予注册，并给予警告，申请人在1年内不得再次申请造价工程师注册。

聘用单位为申请人提供虚假注册材料的，由县级以上地方人民政府住房城乡建设主管部门或者其他有关部门给予警告，并可处以1万元以上3万元以下的罚款。

以欺骗、贿赂等不正当手段取得造价工程师注册的，由注册机关撤销其注册，3年内不得再次申请注册，并由县级以上地方人民政府住房城乡建设主管部门处以罚款。其中，没有违法所得的，处以1万元以下罚款；有违法所得的，处以违法所得3倍以下且不超过3万元的罚款。

违反《注册造价工程师管理办法》规定，未经注册而以注册造价工程师的名义从事工程造价活动的，所签署的工程造价成果文件无效，由县级以上地方人民政府住房城乡建设主管部门或者其他有关部门给予警告，责令停止违法活动，并可处以1万元以上3万元以下的罚款。

违反《注册造价工程师管理办法》规定，未办理变更注册而继续执业的，由县级以上人民政府住房城乡建设主管部门或者其他有关部门责令限期改正；逾期不改的，可处以5000元以下的罚款。

注册造价工程师有《注册造价工程师管理办法》第二十条规定行为之一的，由县级以上地方人民政府住房城乡建设主管部门或者其他有关部门给予警告，责令改正，没有违法所得的，处以1万元以下罚款，有违法所得的，处以违法所得3倍以下且不超过3万元的罚款。

违反本办法规定，注册造价工程师或者其聘用单位未按照要求提供造价工程师信用档案信息的，由县级以上地方人民政府住房城乡建设主管部门或者其他有关部门责令限期改正；逾期未改正的，可处以1000元以上1万元以下的罚款。

县级以上人民政府住房城乡建设主管部门和其他有关部门工作人员，在注册造价工程师管理工作中，有下列情形之一的，依法给予处分；构成犯罪的，依法追究刑事责任。

1）对不符合注册条件的申请人准予注册许可或者超越法定职权做出注册许可决定的；

2）对符合注册条件的申请人不予注册许可或者不在法定期限内做出注册许可决定的；

3）对符合法定条件的申请不予受理的；

4）利用职务之便，收取他人财物或者其他好处的；

5）不依法履行监督管理职责，或者发现违法行为不予查处的。

真题演练

1.（单选）下列关于造价工程师的说法正确的是（   ）。

A. 取得造价工程师职业资格证书即可从事工程造价工作

B. 造价工程师仅是工程造价咨询企业的专业岗位职务

C. 工程建设活动中有关工程造价管理岗位应按需要配备造价工程师

D. 造价工程师分为全国造价工程师和地方造价工程师

2.（单选）二级造价工程师的执业范围是指（   ）。

A. 项目评价造价分析   B. 建设工程量清单编制

C. 工程造价纠纷调解   D. 建设工程量清单审核

3.（单选）按照我国现有规定，下列关于造价工程师注册的有关说法正确的是（   ）。

A. 住房和城乡建设部负责全部一级造价工程师的注册工作

B. 各省、自治区、直辖市住房城乡建设部门负责一级造价工程师注册工作

C. 造价工程师执业时应持注册证书和执业印章

D. 造价工程师执业时应持职业资格证书

4.（多选）一级造价工程师的执业范围是指（   ）。

A. 项目评价造价分析

B. 建设工程招标投标文件工程量审核

C. 工程造价纠纷调解与仲裁

D. 建设工程计价依据、造价指标的编制与审定

E. 竣工决算价款的编制

单元 3　工程造价咨询企业管理制度

工程造价咨询企业是指接受委托，对建设项目投资、工程造价的确定与控制提供专业咨询服务的企业。工程造价咨询企业可以为政府部门、建设单位、施工单位、设计单位提供相关专业技术服务，这种以造价咨询业务为核心的服务有时是单项或分阶段的，有时覆盖工程建设全过程。工程造价咨询企业从事工程造价咨询活动，应当遵循独立、客观、公正、诚实信用的原则，不得损害社会公共利益和他人的合法权益。同时，任何单位和个人不得非法干预依法进行的工程造价咨询活动。工程造价咨询企业应当依法取得工程造价咨询企业资质，并在其资质等级许可的范围内从事工程造价咨询活动。

一、企业资质等级标准

工程造价咨询企业资质等级分为甲级、乙级。

（1）甲级工程造价咨询企业资质标准

1）已取得乙级工程造价咨询企业资质证书满 3 年；

2）技术负责人已取得一级造价工程师注册证书，并具有工程或工程经济类高级专业技术职称，且从事工程造价专业工作 15 年以上；

3）专职从事工程造价专业工作的人员（以下简称专职专业人员）不少于 12 人，其中，具有工程（或工程经济类）中级以上专业技术职称或者取得二级造价工程师注册证书的人员合计不少于 10 人；取得一级造价工程师注册证书的人员不少于 6 人，其他人员具有从事工程造价专业工作的经历；

4）企业与专职专业人员签订劳动合同，且专职专业人员符合国家规定的职业年龄（出资人除外）；

5）企业近 3 年工程造价咨询营业收入累计不低于人民币 500 万元；

6）企业为本单位专职专业人员办理的社会基本养老保险手续齐全；

7）在申请核定资质等级之日前 3 年内无《注册造价工程师管理办法》第二十五条禁止的行为。

（2）乙级工程造价咨询企业资质标准

1）技术负责人已取得一级造价工程师注册证书，并具有工程或工程经济类高级专业技术职称，且从事工程造价专业工作 10 年以上；

2）专职专业人员不少于 6 人，其中，具有工程（或工程经济类）中级以上专业技术职称或者取得二级造价工程师注册证书的人员合计不少于 4 人；取得一级造价工程师注册证书的人员不少于 3 人，其他人员具有从事工程造价专业工作的经历；

3）企业与专职专业人员签订劳动合同，且专职专业人员符合国家规定的职业年龄（出资人除外）；

4）企业为本单位专职专业人员办理的社会基本养老保险手续齐全；

5）暂定期内工程造价咨询营业收入累计不低于人民币 50 万元；

6）申请核定资质等级之日前无《注册造价工程师管理办法》第二十五条禁止的行为。

二、企业资质许可

新申请工程造价咨询企业资质的，其资质等级按资质标准核定为乙级，设暂定期一年。

暂定期届满需继续从事工程造价咨询活动的，应当在暂定期届满 30 日前，向资质许可机关申请换发资质证书。符合乙级资质条件的，由资质许可机关换发资质证书。资质许可程序与要求如下。

（1）甲级资质审批

甲级工程造价咨询企业资质由国务院住房城乡建设主管部门审批。申请甲级工程造价咨询企业资质的，可以向申请人工商注册所在地省、自治区、直辖市人民政府住房城乡建设主管部门或者国务院有关专业部门提交申请材料。省、自治区、直辖市人民政府住房城乡建设主管部门或者国务院有关专业部门收到申请材料后，应当在 5 日内将全部申请材料报国务院住房城乡建设主管部门，国务院住房城乡建设主管部门应当自受理之日起 20 日内做出决定。组织专家评审所需时间不计算在上述时限内，但应当明确告知申请人。

（2）乙级资质审批

乙级工程造价咨询企业资质由省、自治区、直辖市人民政府住房城乡建设主管部门审查决定。其中，申请有关专业乙级工程造价咨询企业资质的，由省、自治区、直辖市人民政府住房城乡建设主管部门与同级有关专业部门审查决定。乙级工程造价咨询企业资质许可的实施程序由省、自治区、直辖市人民政府住房城乡建设主管部门依法确定。省、自治区、直辖市人民政府住房城乡建设主管部门应当自做出决定之日起 30 日内，将准予资质许可的决定报国务院住房城乡建设主管部门备案。

（3）申报材料

企业在申请工程造价咨询甲级（或乙级）资质，以及在资质延续、变更时，应当提交下列申报材料：

1）工程造价咨询企业资质申请书（含企业法定代表人承诺书）；

2）专职专业人员（含技术负责人）的中级以上专业技术职称证书和身份证；

3）企业开具的工程造价咨询营业收入发票和对应的工程造价咨询合同（如发票能体现

工程造价咨询业务的，可不提供对应的工程造价咨询合同；新申请工程造价咨询企业资质的，不需提供）；

4）工程造价咨询企业资质证书（新申请工程造价咨询企业资质的，不需提供）；

5）企业营业执照。

企业在申请工程造价咨询甲级（或乙级）资质，以及在资质延续、变更时，企业法定代表人应当对下列事项进行承诺，并由资质许可机关调查核实：

1）企业与专职专业人员签订劳动合同；

2）企业缴纳营业收入的增值税；

3）企业为专职专业人员（含技术负责人）缴纳本年度社会基本养老保险费用。

准予资质许可的，资质许可机关应当向申请人颁发工程造价咨询企业资质证书。

工程造价咨询企业资质证书由国务院住房城乡建设主管部门统一印制，分正本和副本。正本和副本具有同等法律效力。工程造价咨询企业遗失资质证书的，应当向资质许可机关申请补办，由资质许可机关在官网发布信息。

（4）资质有效期

工程造价咨询企业资质有效期为3年。资质有效期届满，需要继续从事工程造价咨询活动的，应当在资质有效期届满30日前向资质许可机关提出资质延续申请。资质许可机关应当根据申请做出是否准予延续的决定。准予延续的，资质有效期延续3年。

（5）变更与合并、分立

工程造价咨询企业的名称、住所、组织形式、法定代表人、技术负责人、注册资本等事项发生变更的，应当自变更确立之日起30日内，到资质许可机关办理资质证书变更手续。

工程造价咨询企业合并的，合并后存续或者新设立的工程造价咨询企业可以承继合并前各方中较高的资质等级，但应当符合相应的资质等级条件。

工程造价咨询企业分立的，只能由分立后的一方承继原工程造价咨询企业资质，但应当符合原工程造价咨询企业资质等级条件。

三、工程造价咨询管理

1. 业务许可限额与范围

（1）行政区域限制

工程造价咨询企业依法从事工程造价咨询活动，不受行政区域限制。

（2）许可限额

甲级工程造价咨询企业可以从事各类建设项目的工程造价咨询业务。

乙级工程造价咨询企业可以从事工程造价2亿元人民币以下各类建设项目的工程造价咨询业务。

（3）业务范围

1）建设项目建议书及可行性研究投资估算、项目经济评价报告的编制和审核；

2）建设项目概预算的编制与审核，并配合设计方案比选、优化设计、限额设计等工作进行工程造价分析与控制；

3）建设项目合同价款的确定（包括招标工程工程量清单和标底、投标报价的编制和审核）；

4）合同价款的签订与调整（包括工程变更、工程洽商和索赔费用的计算）及工程款支付，工程结算及竣工结（决）算报告的编制与审核等；

5）工程造价经济纠纷的鉴定和仲裁的咨询；

6）提供工程造价信息服务等。

工程造价咨询企业可以对建设项目的组织实施进行全过程或者若干阶段的管理和服务。

2. 合同与成果管理

工程造价咨询企业在承接各类建设项目的工程造价咨询业务时，应当与委托人订立书面工程造价咨询合同。工程造价咨询企业与委托人可以参照《建设工程造价咨询合同》（示范文本）订立合同。

工程造价咨询企业从事工程造价咨询业务，应当按照有关规定的要求出具工程造价成果文件。工程造价成果文件应当由工程造价咨询企业加盖有企业名称、资质等级及证书编号的执业印章，并由执行咨询业务的注册造价工程师签字、加盖执业印章。工程造价咨询收费应当按照有关规定，由当事人在建设工程造价咨询合同中约定。除法律、法规另有规定外，未经委托人书面同意，工程造价咨询企业不得对外提供工程造价咨询服务过程中获知的当事人的商业秘密和业务资料。

3. 分支机构管理与跨区域业务备案管理

工程造价咨询企业跨省、自治区、直辖市承接工程造价咨询业务的，应当自承接业务之日起 30 日内到建设工程所在地省、自治区、直辖市人民政府住房城乡建设主管部门备案。

4. 工程造价咨询企业不得有下列行为

1）涂改、倒卖、出租、出借资质证书，或者以其他形式非法转让资质证书；

2）超越资质等级业务范围承接工程造价咨询业务；

3）同时接受招标人和投标人或两个以上投标人对同一工程项目的工程造价咨询业务；

4）以给予回扣、恶意压低收费等方式进行不正当竞争；

5）转包承接的工程造价咨询业务；

6）法律、法规禁止的其他行为。

5. 监督管理

县级以上地方人民政府住房城乡建设主管部门、有关专业部门应当依照有关法律、法规和《注册造价工程师管理办法》的规定，对工程造价咨询企业从事工程造价咨询业务的活动实施监督检查。

监督检查机关履行监督检查职责时，有权采取下列措施：

1）要求被检查单位提供工程造价咨询企业资质证书、造价工程师注册证书，有关工程造价咨询业务的文档，有关技术档案管理制度、质量控制制度、财务管理制度的文件；

2）进入被检查单位进行检查，查阅工程造价咨询成果文件以及工程造价咨询合同等相关资料；

3）纠正违反有关法律、法规和本办法及执业规程规定的行为。

监督检查机关应当将监督检查的处理结果向社会公布。

监督检查机关进行监督检查时，应当有两名以上监督检查人员参加，并出示执法证件，不得妨碍被检查单位的正常经营活动，不得索取或者收受财物、谋取其他利益。有关单位和个人对依法进行的监督检查应当协助与配合，不得拒绝或者阻挠。

6. 可撤销工程造价咨询企业资质的情形

1）资质许可机关工作人员滥用职权、玩忽职守做出准予工程造价咨询企业资质许可的；

2）超越法定职权做出准予工程造价咨询企业资质许可的；

3）违反法定程序做出准予工程造价咨询企业资质许可的；

4）对不具备行政许可条件的申请人做出准予工程造价咨询企业资质许可的；

5）依法可以撤销工程造价咨询企业资质的其他情形。

工程造价咨询企业以欺骗、贿赂等不正当手段取得工程造价咨询企业资质的，应当予以撤销。工程造价咨询企业取得工程造价咨询企业资质后，不再符合相应资质条件的，资质许可机关根据利害关系人的请求或者依据职权，可以责令其限期改正；逾期不改的，可以撤回其资质。

7. 依法注销工程造价咨询企业资质的情形

1）工程造价咨询企业资质有效期满，未申请延续的；

2）工程造价咨询企业资质被撤销、撤回的；

3）工程造价咨询企业依法终止的；

4）法律、法规规定的应当注销工程造价咨询企业资质的其他情形。

8. 信用管理

工程造价咨询企业应当按照有关规定，向资质许可机关提供真实、准确、完整的工程造价咨询企业信用档案信息。工程造价咨询企业信用档案应当包括工程造价咨询企业的基本情况、业绩、良好行为、不良行为等内容。违法行为、被投诉举报处理、行政处罚等情况应当作为工程造价咨询企业的不良记录记入其信用档案。任何单位和个人有权查阅信用档案。

四、法律责任

申请人隐瞒有关情况或者提供虚假材料申请工程造价咨询企业资质的，不予受理或者不予资质许可，并给予警告，申请人在 1 年内不得再次申请工程造价咨询企业资质。

以欺骗、贿赂等不正当手段取得工程造价咨询企业资质的，由县级以上地方人民政府住房城乡建设主管部门或者有关专业部门给予警告，并处以 1 万元以上 3 万元以下的罚款，申请人 3 年内不得再次申请工程造价咨询企业资质。

未取得工程造价咨询企业资质从事工程造价咨询活动或者超越资质等级承接工程造价咨询业务的，出具的工程造价成果文件无效，由县级以上地方人民政府住房城乡建设主管部门或者有关专业部门给予警告，责令限期改正，并处以 1 万元以上 3 万元以下的罚款。

违反规定，工程造价咨询企业不及时办理资质证书变更手续的，由资质许可机关责令限期办理；逾期不办理的，可处以 1 万元以下的罚款。

违反规定，跨省、自治区、直辖市承接业务不备案的，由县级以上地方人民政府住房城乡建设主管部门或者有关专业部门给予警告，责令限期改正；逾期未改正的，可处以 5000 元以上 2 万元以下的罚款。

工程造价咨询企业有《注册造价工程师管理办法》第二十五条行为之一的，由县级以上地方人民政府住房城乡建设主管部门或者有关专业部门给予警告，责令限期改正，并处以

1 万元以上 3 万元以下的罚款。

　　资质许可机关有下列情形之一的，由其上级行政主管部门或者监察机关责令改正，对直接负责的主管人员和其他直接责任人员依法给予处分；构成犯罪的，依法追究刑事责任。

　　1）对不符合法定条件的申请人准予工程造价咨询企业资质许可或者超越职权做出准予工程造价咨询企业资质许可决定的；

　　2）对符合法定条件的申请人不予工程造价咨询企业资质许可或者不在法定期限内做出准予工程造价咨询企业资质许可决定的；

　　3）利用职务上的便利，收受他人财物或者其他利益的；

　　4）不履行监督管理职责，或者发现违法行为不予查处的。

真题演练

　　1.（单选）我国甲级工程造价咨询单位中从事工程造价专业工作的专职人员和取得一级造价工程师注册证书的人员分别不少于（　　　）人。

　　A. 20 和 10　　　　　　B. 20 和 8　　　　　　C. 12 和 8　　　　　　D. 12 和 6

　　2.（单选）根据《工程造价咨询企业管理办法》，乙级工程造价咨询企业中专职从事工程造价专业工作的人员不应少于（　　　）人。

　　A. 6　　　　　　　　　　B. 8　　　　　　　　　　C. 10　　　　　　　　　　D. 12

　　3.（单选）根据《工程造价咨询企业管理办法》，已取得乙级工程造价咨询企业资质证书满（　　　）年的企业，方可申请甲级资质。

　　A. 3　　　　　　　　　　B. 4　　　　　　　　　　C. 5　　　　　　　　　　D. 6

　　4.（单选）根据《工程造价咨询企业管理办法》，工程造价咨询企业资质有效期为（　　）年。

　　A. 2　　　　　　　　　　B. 3　　　　　　　　　　C. 4　　　　　　　　　　D. 5

单元4　工程造价管理的组织和内容

一、工程造价管理的基本内涵

1. 工程造价管理

　　工程造价管理是指综合运用管理学、经济学和工程技术等方面的知识与技能，对工程造价进行预测、计划、控制、核算、分析和评价等的过程。工程造价管理既涵盖宏观层次，也涵盖微观层次的工程项目费用管理。

　　（1）工程造价的宏观管理

　　工程造价的宏观管理是指政府部门根据社会经济发展需求，利用法律、经济和行政等手段规范市场主体的价格行为、监控工程造价的系统活动。

　　（2）工程造价的微观管理

　　工程造价的微观管理是指工程参建主体根据工程计价依据和市场价格信息等预测、计划、控制、核算工程造价的系统活动。

2. 建设工程全面造价管理

按照国际造价管理联合会（International Cost Engineering Council，简称 ICEC）给出的定义，全面造价管理（Total Cost Management，简称 TCM）是指有效地利用专业知识与技术，对资源、成本、盈利和风险进行筹划和控制。建设工程全面造价管理包括全寿命期造价管理、全过程造价管理、全要素造价管理和全方位造价管理。

（1）全寿命期造价管理

建设工程全寿命期造价是指建设工程初始建造成本和建成后的日常使用成本之和，包括策划决策、建设实施、运行维护及拆除回收等各阶段费用。由于在建设工程全寿命期的不同阶段，工程造价存在诸多不确定性，因此，全寿命期造价管理主要是作为一种实现建设工程全寿命期造价最小化的指导思想，指导建设工程投资决策及实施方案的选择。

（2）全过程造价管理

全过程造价管理是指覆盖建设工程策划决策及建设实施各阶段的造价管理。包括计划决策阶段的项目策划、投资估算、项目经济评价、项目融资方案分析；设计阶段的限额设计、方案比选、概预算编制；招标投标阶段的标段划分、发承包模式及合同形式的选择、招标控制价或标底编制；施工阶段的工程计量与结算、工程变更控制、索赔管理；竣工验收阶段的结算与决算等。

（3）全要素造价管理

影响建设工程造价的因素有很多。为此，控制建设工程造价不仅仅是控制建设工程本身的建造成本，还应同时考虑工期成本、质量成本、安全与环境成本的控制，从而实现工程成本、工期、质量、安全、环保的集成管理。全要素造价管理的核心是按照优先性原则，协调和平衡工期、质量、安全、环保与成本之间的对立统一关系。

（4）全方位造价管理

建设工程造价管理不仅是建设单位或承包单位的任务，而且也是政府建设主管部门、行业协会、建设单位、设计单位、施工单位以及有关咨询机构的共同任务。尽管各方的地位、利益、角度等有所不同，但必须建立完善的协同作机制，才能实现对建设工程造价的有效控制。

二、工程造价管理的主体

工程造价管理是工程管理的最主要内容，是各方关注的焦点，涉及工程建设的参与各方，包括政府主管部门、行业协会和事业单位、投资人或建设单位、承包商或施工单位、设计单位和工程造价咨询企业等。

1. 政府主管部门

政府在工程造价管理中既是宏观管理主体，也是政府投资项目的微观管理主体。主要是法律法规和标准的制定，造价工程师和工程造价咨询业的行政许可事务，设计和咨询企业等。

（1）国务院建设主管部门造价管理机构

国务院建设主管部门造价管理机构主要职责包括：

1）组织制定工程造价管理有关法规、制度并组织贯彻实施；

2）组织制定全国统一经济定额和制定、修订本部门经济定额；

3）监督指导全国统一经济定额和本部门经济定额的实施；

4）制定和负责全国工程造价咨询企业的资质标准及其资质管理工作，制定全国工程造价管理专业人员职业资格准入标准，并监督执行。

（2）国务院其他部门的工程造价管理机构

国务院其他部门的工程造价管理机构包括水利、水电、电力、石油、石化、机械、冶金、铁路、煤炭、建材、林业、有色、核工业、公路等行业和军队的造价管理机构。主要是修订、编制和解释相应的工程建设标准定额，有的还担负本行业大型或重点建设项目的概算审批、概算调整等职责。

（3）省、自治区、直辖市工程造价管理部门

省、自治区、直辖市工程造价管理部门主要职责是修编、解释当地定额、收费标准和计价制度等。此外，还有开展工程造价审查（核）、提供造价信息、处理合同纠纷等职责。

2. 行业协会和事业单位（工程造价管理机构）

行业协会和事业单位主要职责，一是协助政府主管部门提出行业立法的建议，协助相关制度建设，起草行业标准；二是协助政府部门做好工程计价定额、工程计价信息等公共服务，发布行业有关资讯、动态；三是反映造价工程师和工程造价咨询企业诉求，研究和制定行业发展战略，起草行业发展规划，进行职业教育、人才培养，指导工程造价专业学科建设，引导行业可持续发展，开展国际交流和会员服务等。

3. 投资人或建设单位

投资人或建设单位关注的是整个建设项目的整体目标，包括投资控制目标的实现，建设项目的合法合规性、技术的先进性、经济的合理性等；对于投资人而言，一般还要从投资控制、资金的使用绩效等角度进行工程造价审计。

4. 承包商或施工单位

承包商或施工单位是在工程承发包阶段预测工程成本，制定投标策略，进行投标报价；在工程施工阶段，则是按计划组织工程的具体实施，有效实施工料机组织，在合同工期内完成工程实体建设，达到设计目标，管控好工程成本。

5. 设计单位

设计单位是通过图纸的不断深化，最终做出具体的设计实施方案，实现投资人或建设单位的设计意图和建设目标，并通过工程概算和施工图预算等控制工程造价，进行设计优化等。

6. 工程造价咨询企业

工程造价咨询企业主要是服务于投资人或建设单位，进行工程建设各阶段的工程计量与计价，进行建设项目的方案比选与设计优化等价值管理和经济评价，进行建设工程合同价款的分析、确定与调整，进行工程结算审核与工程审计等；接受仲裁机构或法院委托进行工程造价鉴定、工程经济纠纷调解等。也可以服务于承包人或施工单位，进行建设工程的工料分析、计划、组织与成本管理等。

三、工程造价管理的主要内容及基本原则

1. 工程造价管理的主要内容

在工程建设全过程各个不同阶段，工程造价管理有着不同的工作内容，其目的是在优化建设方案、设计方案、施工方案的基础上，有效控制建设工程项目的实际费用支出。

1）工程项目策划阶段：按照有关规定编制和审核投资估算，经有关部门批准，即可作为拟建工程项目的控制造价；基于不同的投资方案进行经济评价，作为工程项目决策的重要依据。

2）工程设计阶段：在限额设计、优化设计方案的基础上编制和审核工程概算、施工图预算。对于政府投资工程而言，经有关部门批准的工程概算将作为拟建工程项目造价的最高限额。

3）工程发承包阶段：进行招标策划，编制和审核工程量清单、招标控制价或标底，确定投标报价及其策略，直至确定承包合同价。

4）工程施工阶段：进行工程计量及工程款支付管理，实施工程费用动态监控，处理工程变更和索赔。

5）工程竣工阶段：编制和审核工程结算、编制竣工决算，处理工程保修费用等。

2. 工程造价管理的基本原则

实施有效的工程造价管理，应遵循以下三项原则：

1）以设计阶段为重点的全过程造价管理。工程造价管理贯穿于工程建设全过程的同时，应注重工程设计阶段的造价管理。工程造价管理的关键在于前期决策和设计阶段，而在项目投资决策后，控制工程造价的关键就在于设计。建设工程全寿命期费用包括工程造价和工程交付使用后的日常开支（含经营费用、日常维护修理费用，使用期内大修理和局部更新费用）以及该工程使用期满后的报废拆除费用等。

长期以来，我国将控制工程造价的主要精力放在施工阶段——审核施工图预算、结算建筑安装工程价款；但对工程项目策划决策和设计阶段的造价控制重视不够，不能有效地控制工程造价。因此，应将工程造价管理的重点转到工程项目策划决策和设计阶段。

2）主动控制与被动控制相结合。长期以来，人们一直把控制理解为目标值与实际值的比较，以及当实际值偏离目标值时，分析其产生偏差的原因，并确定下一步对策。但这种立足于调查—分析—决策基础之上的偏离—纠偏—再偏离—再纠偏的控制是一种被动控制，这样做只能发现偏离，不能预防可能发生的偏离。为尽量减少甚至避免目标值与实际值的偏离，还必须立足于事先主动采取控制措施，实施主动控制。也就是说，工程造价控制不仅要反映投资决策，反映设计、发包和施工，被动地控制工程造价，更要能动地影响投资决策，影响工程设计、发包和施工，主动地控制工程造价。

3）技术与经济相结合。要有效地控制工程造价，应从组织、技术、经济等多方面采取措施。从组织上采取措施，包括明确项目组织结构，明确造价控制人员及其任务，明确管理职能分工；从技术上采取措施，包括重视设计多方案选择，严格审查初步设计、技术设计、施工图设计、施工组织设计，深入研究节约投资的可能性；从经济上采取措施，包括动态比较造价的计划值与实际值，严格审核各项费用支出，采取对节约投资的有力奖励措施等。

应该看到，技术与经济相结合是控制工程造价最有效的手段。应通过技术比较、经济分

析和效果评价，正确处理技术先进与经济合理之间的对立统一关系，力求在技术先进条件下的经济合理、在经济合理基础上的技术先进，将控制工程造价观念渗透到各项设计和施工技术措施之中。

真题演练

1. （单选）政府部门、行业协会、建设单位、施工企业及咨询机构通过协调工作，共同完成工程造价控制任务，属于建设工程全面造价管理中的（　　）。

A. 全过程造价管理　　　　　　　　B. 全方位造价管理

C. 全寿命期造价管理　　　　　　　D. 全要素造价管理

2. （单选）下列工作中，属于工程招标投标阶段造价管理内容的是（　　）。

A. 承发包模式选择　　　　　　　　B. 融资方案设计

C. 组织实施模式选择　　　　　　　D. 索赔方案设计

3. （单选）建设工程全要素造价管理是指要实现（　　）的集成管理。

A. 人工费、材料费、施工机具使用费

B. 直接成本、间接成本、规费、利润

C. 工程成本、工期、质量、安全、环境

D. 建筑安装工程费用、设备工器具费用、工程建设其他费用

4. （单选）下列工作中，属于工程项目策划阶段造价管理内容的是（　　）。

A. 投资方案经济评价　　　　　　　B. 编制工程量清单

C. 审核工程概算　　　　　　　　　D. 确定投标报价

模块2

建设项目总投资的费用组成及计算

思维导图

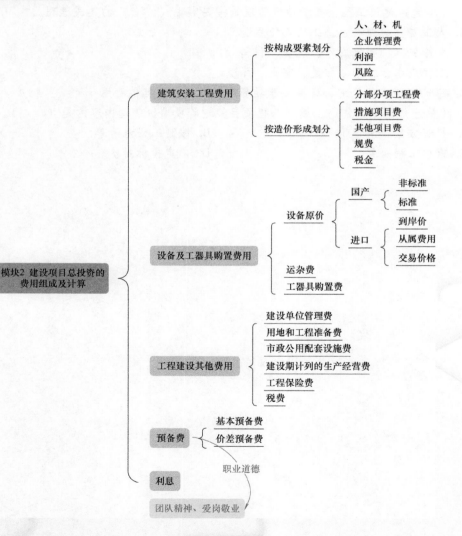

学习目标

1. 掌握建设项目总投资与工程造价的构成；
2. 掌握建筑安装工程费用的构成和计算；
3. 熟悉设备及工器具购置费用的构成和计算；
4. 熟悉工程建设其他费用的构成和计算；
5. 掌握预备费、建设期利息的计算。

思政园地

中国古代工程管理典型实践案例——都江堰

著名的古代水利工程都江堰，位于四川都江堰市城西，古时属都安县境而名为都安堰，宋元后称都江堰，被誉为"独奇千古"的"镇川之宝"。都江堰建于公元 3 世纪，是中国战国时期秦国蜀郡太守李冰及其子率众修建的一座大型水利工程，是全世界至今为止，年代最久、唯一留存、以无坝引水为特征的宏大水利工程，至今仍在发挥巨大效益。

在都江堰建立之前，巴蜀地区一直遭受岷江的水患。每当春夏山洪暴发时，江水奔腾而下，进入成都平原，由于河道狭窄，常引起洪灾。再加上岷江东岸的玉垒山阻碍了江水东流，所以造成东旱西涝，令蜀中百姓苦不堪言。

都江堰水利工程最主要部位为都江堰渠首工程，这是都江堰灌溉系统中的关键设施。渠首工程主要由鱼嘴分水堤、宝瓶口引水工程和飞沙堰泄洪道三大工程组成。宝瓶口引水口在开凿宝瓶口以前，是湔山虎头岩的一部分，李冰根据水流及地形特点，在坡度较缓处，凿开一道底宽 17m 的楔形口子。峡口枯水季节宽 19m，洪水季节宽 23m。据《永康军志》记载"春耕之际，需之如金，号曰'金灌口'"。因此宝瓶口古时又名金灌口。宝瓶口是内江进水咽喉，是内江能够"水旱从人"的关键水利设施。由于宝瓶口自然景观瑰丽，有"离堆锁峡"之称，属历史上著名的"灌阳十景"之一。飞沙堰是中段的泄洪道，有排泄洪水和沙石的功能，宝瓶口具有引水和控制进水的作用。因而，都江堰水利工程科学地解决了江水的自动分流、自动排沙、自动排水和引水的难题，收到了"行水灌田，防洪抗灾"的功效，是世界水利工程史上的一大奇观。

李冰治水，功在千秋，不愧为文明世界的伟大杰作，造福人民的伟大水利工程。2011 年 11 月，都江堰与青城山一起被联合国教科文组织遗产委员会列入《世界遗产名录》。

【谈一谈】

同学们，通过模块 1 的学习我们知道了工程建设项目不仅仅包括常见到的建筑工程，还包括像水利工程、交通工程等，今后我们还会越来越多地参与到我国的"新基建"工程项目中，请大家结合自己专业认知谈一谈你眼中的"新基建"。

【课程引导】

不管是哪类的工程项目，作为一名造价工程师，我们首先需要知道什么叫工程造价，工程项目的工程造价的费用由哪些部分组成。

单元1　工程造价的基本内容

一、工程造价的含义

工程造价通常是指工程项目在建设期（预计或实际）支出的建设费用。由于所处的角度不同，工程造价有不同的含义。

工程造价的含义

含义一：从投资者（业主）角度分析，工程造价是指建设一项工程预期开支或实际开支的全部固定资产投资费用。投资者为了获得投资项目的预期效益，需要对项目进行策划决策、建设实施（设计、施工）直至竣工验收等一系列活动。在上述活动中所花费的全部费用，即构成工程造价。从这个意义上讲，工程造价就是建设工程固定资产总投资。

含义二：从市场交易角度分析，工程造价是指在工程发承包交易活动中形成的建筑安装工程费用或建设工程总费用。显然，工程造价的这种含义是指以建设工程这种特定的商品形式作为交易对象，通过招标投标或其他交易方式，在多次预估的基础上，最终由市场形成的价格。这里的工程既可以是整个建设工程项目，也可以是其中一个或几个单项工程或单位工程，还可以是其中一个或几个分部工程，如建筑安装工程、装饰装修工程等。随着经济发展、技术进步、分工细化和市场的不断完善，工程建设中的中间产品也会越来越多，商品交换会更加频繁，工程价格的种类和形式也会更为丰富。

工程承发包价格是一种重要且较为典型的工程造价形式，是在建筑市场通过发承包交易（多数为招标投标），由需求主体（投资者或建设单位）和供给主体（承包商）共同认可的价格。

工程造价的两种含义实质上就是从不同角度把握同一事物的本质。对投资者而言，工程造价就是项目投资，是"购买"工程项目需支付的费用，同时，工程造价也是投资者作为市场供给主体"出售"工程项目时确定价格和衡量投资效益的尺度。

二、工程造价相关概念

1. 静态投资与动态投资

静态投资是指不考虑物价上涨、建设期贷款利息等影响因素的建设投资。静态投资包括：建筑安装工程费、设备和工器具购置费、工程建设其他费、基本预备费，以及因工程量误差而引起的工程造价增减值等。

动态投资是指考虑物价上涨、建设期贷款利息等影响因素的建设投资。动态投资除包括静态投资外，还包括建设期贷款利息、涨价预备费等。相比之下，动态投资更符合市场价格运行机制，使投资估算和控制更加符合实际。

静态投资与动态投资密切相关。动态投资包含静态投资，静态投资是动态投资最主要的组成部分，也是动态投资的计算基础。

2. 建设项目总投资与固定资产投资

建设项目总投资是指为完成工程项目建设，在建设期（预计或实际）投入的全部费用总和。建设项目按用途可分为生产性建设项目和非生产性建设项目，生产性建设项目总投资包括固定资产投资和流动资产投资两部分；非生产性建设项目总投资只包括固定资产投资，不含流动资产投资。建设项目总造价是指建设项目总投资中的固定资产投资总额。固定资产投资是投资主体为达到预期收益的资金垫付行为。建设项目投资中的固定资产投资与建设项目的工程造价，二者在量上是等同的。其中，建筑安装工程投资也就是建筑安装工程造价，二者在量上也是等同的。从这里也可以看出工程造价两种含义的同一性。

3. 建筑安装工程造价

建筑安装工程造价也称为建筑安装产品价格。从投资的角度看，是建设项目投资中的建筑安装工程部分的投资，也是工程造价的组成部分；市场交易角度看，是投资者和承包商双方共同认可的，由市场形成的价格。

真题演练

1.（单选）从投资者（业主）角度分析，工程造价是指建设一项工程预期或实际开支的（　　）。

A. 全部建筑安装工程费用

B. 建设工程费用

C. 全部固定资产投资费用

D. 建设工程动态投资费用

2.（单选）生产性建设项目总投资由（　　）两部分组成。

A. 建筑工程投资和安装工程投资

B. 建筑工程投资和设备工器具投资

C. 固定资产投资和流动资产投资

D. 建筑工程投资和工程建设其他投资

3.（单选）建设项目的造价是指项目总投资中的（　　）。

A. 固定资产与流动资产投资之和

B. 建筑安装工程投资

C. 建筑安装工程费和设备费之和

D. 固定资产投资总额

4.（单选）根据现行建设项目工程造价构成的相关规定，下列说法正确的是（　　）。

A. 建设投资是指为完成工程项目建造，生产性设备及配合工程安装设备的费用

B. 建设项目总投资是指为完成工程项目建设并达到使用要求或生产条件，在建设期内预计或实际投入的全部费用总和

C. 工程造价是指为完成工程项目建设，在建设期内投入且形成现金流出的全部费用

D. 建设投资是指在建设期内预计或实际支出的建设费用

5.（单选）某建筑项目建筑工程费 2000 万元，安装工程费 700 万元，设备购置费 1100 万元，工程建设其他费 450 万元，预备费 180 万元，建设期利息 120 万元，流动资金 500 万元，则该项目的建设投资为（　　）万元。

A. 4250　　　　　　B. 4430　　　　　　C. 4550　　　　　　D. 5050

单元2 工程造价的构成

一、建设项目总投资费用相关概念

建设项目总投资是指为完成工程项目建设并达到使用要求或生产条件，在建设期内预计或实际投入的总费用。

广义工程造价
的构成

生产性建设项目总投资包括固定资产投资和流动资产投资两部分。非生产性建设项目总投资一般不需要流动资金。一级造价工程师考试教材中，对我国现行建设项目总投资的构成如图2-1所示。工程造价包括建设投资和建设期利息两部分。建设投资是为完成工程项目建设，在建设期内投入且形成现金流出的全部费用。建设投资包括工程费用、工程建设其他费和预备费三部分。建设期利息是指在建设期内发生的债务资金利息，以及为工程项目筹措资金所发生的融资性费用。

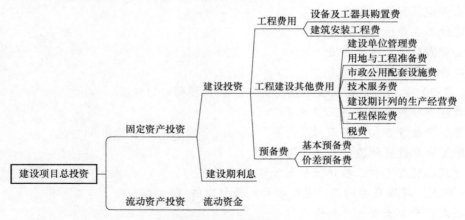

图 2-1　我国现行建设项目总投资构成

二、建设项目总投资费用项目构成

根据住房和城乡建设部办公厅关于征求《建设项目总投资费用项目组成》《建设项目工程总承包费用项目组成》意见的函，建设项目总投资费用项目组成如图2-2所示，包括工程造价、增值税、资金筹措费和流动资金。

工程造价是指工程项目在建设期预计或实际支出的建设费用，包括工程费用、工程建设其他费用和预备费。工程费用是指建设期内直接用于工程建造、设备购置及其安装的费用，包括建筑工程费、设备购置费和安装工程费。工程建设其他费用是指建设期发生的与土地使用权取得、整个工程项目建设以及未来生产经营有关的，除工程费用、预备费、增值税、资金筹措费、流动资金以外的费用。预备费是指在建设期内因各种不可预见因素的变化而预留的可能增加的费用，包括基本预备费和价差预备费。

增值税是指应计入建设项目总投资内的增值税额。

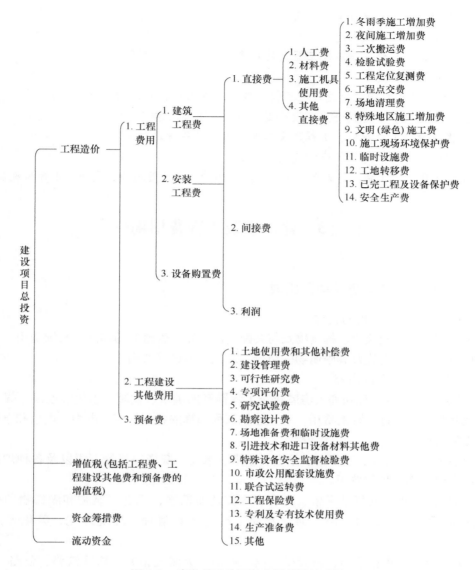

图 2-2　建设项目总投资费用项目组成图

资金筹措费是指在建设期内应计的利息和在建设期内为筹集项目资金发生的费用。包括各类借款利息、债券利息、贷款评估费、国外借款手续费及承诺费、汇兑损益、债券发行费用及其他债务利息支出或融资费用。

流动资金是指运营期内长期占用并周转使用的营运资金，不包括运营中需要的临时性营运资金。

真题演练

1.（单选）根据现行建设项目投资构成相关规定，固定资产投资应与（　　　）相对应。

A. 工程费用＋工程建设其他费用

    B. 建设投资＋建设期利息

    C. 建设安装工程费＋设备及工器具购置费

    D. 建设项目总投资

  2. （单选）关于我国现行建设项目投资构成的说法中，正确的是（　　　）。

    A. 生产性建设项目总投资为建设投资和建设期利息之和

    B. 工程造价为工程费用、工程建设其他费用和预备费之和

    C. 固定资产投资为建设投资和建设期利息之和

    D. 工程费用为人工费、材料费、施工机具使用费、企业管理费、利润、规费和税金之和

单元3　建筑安装工程费用构成

一、建筑安装工程费用项目组成

1. 建筑安装工程费用的内容

建筑工程费是指建筑物、构筑物及与其配套的线路、管道等的建造、装饰费用。安装工程费是指设备、工艺设施及其附属物的组合、装配、调试等费用。

（1）建筑工程费用的内容

1）各类房屋建筑工程和列入房屋建筑工程预算的供水、供暖、卫生、通风、煤气等设备费用及其装饰、油饰工程的费用，列入建筑工程预算的各种管道、电力、电信和电缆导线敷设工程的费用。

2）设备基础、支柱、工作台、烟囱、水塔、水池、灰塔等建筑工程以及各种炉窑的砌筑工程和金属结构工程的费用。

3）为施工而进行的场地平整，工程和水文地质勘察，原有建筑物和障碍物的拆除以及施工临时用水、电、气、路、通信和完工后的场地清理，环境绿化、美化等工作的费用。

4）矿井开凿、井巷延伸、露天矿剥离，石油、天然气钻井，修建铁路、公路、桥梁、水库、堤坝、灌渠及防洪等工程的费用。

（2）安装工程费用的内容

1）生产、动力、起重、运输、传动和医疗、实验等各种需要安装的机械设备的装配费用，与设备相连的工作台、梯子、栏杆等设施的工程费用，附属于被安装设备的管线敷设工程费用，以及被安装设备的绝缘、防腐、保温、油漆等工作的材料费和安装费。

2）为测定安装工程质量，对单台设备进行单机试运转、对系统设备进行系统联动无负荷试运转工作的调试费。

2. 我国现行建筑安装工程费用项目组成

根据住房和城乡建设部、财政部颁布的"关于印发《建筑安装工程费用项目组成》的通知"（建标〔2013〕44号），我国现行建筑安装工程费用项目按两种不同的方式划分，即按费用构成要素划分和按造价形成划分，其具体组成如图2-3所示。

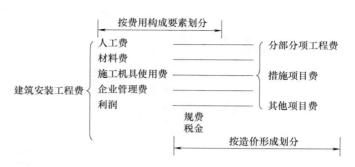

图 2-3　建筑安装工程费用项目组成

二、按照费用构成要素划分建筑安装工程费的构成及计算

按照费用构成要素划分，建筑安装工程费包括：人工费、材料费、施工机具使用费、企业管理费、利润、规费和税金。具体构成如图 2-4 所示。

建筑安装工程费用项目组成（按费用构成要素划分）

1. 人工费

建筑安装工程费中的人工费是指支付给直接从事建筑安装工程施工作业的生产工人的各项费用。计算人工费的基本要素有两个，即人工工日消耗量和人工日工资单价。

1）人工工日消耗量是指在正常施工生产条件下，完成规定计量单位的建筑安装产品所消耗的生产工人的工日数量。它由分项工程所综合的各个工序劳动定额包括的基本用工、其他用工两部分组成。

2）人工日工资单价是指直接从事建筑安装工程施工的生产工人在法定工作日的工资、津贴及奖金。

人工费的基本计算公式为：人工费 $= \sum$（工日消耗量 $\times$ 日工资单价）

2. 材料费

建筑安装工程费中的材料费，是指工程施工过程中耗费的各种原材料、半成品、构配件、工程设备的费用。计算材料费的基本要素是材料消耗量和材料单价。

1）材料消耗量是指在正常施工生产的条件下，完成规定计量单位的建筑安装产品所消耗的各种材料的净用量和不可避免的损耗量。

2）材料单价是指建筑材料从其来源地运到施工工地仓库直至出库形成的综合平均单价，其内容由材料原价、运杂费、运输损耗费、采购及保管费组成。

材料费的基本计算公式为：材料费 $= \sum$（材料消耗量 $\times$ 材料单价）

3）工程设备是指构成或计划构成永久工程一部分的机电设备、金属结构设备、仪器装置及其他类似的设备和装置。

3. 施工机具使用费

建筑安装工程费中的施工机具使用费是指施工作业所发生的施工机械、仪器仪表使用费或其租赁费。

1）施工机械使用费是指施工机械作业发生的使用费或租赁费。构成施工机械使用费的

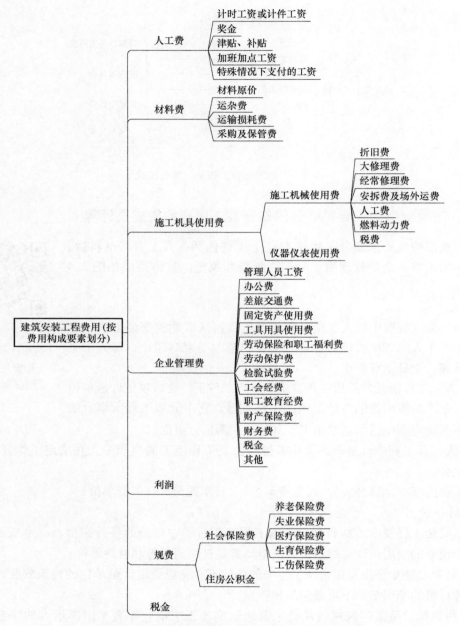

图 2-4　建筑安装工程费用（按费用构成要素划分）

基本要素是施工机械台班消耗量和机械台班单价。施工机械台班消耗量是指在正常施工生产条件下，完成规定计量单位的建筑安装产品所消耗的施工机械台班的数量。

施工机械使用费的基本计算公式为：

$$施工机械使用费 = \sum（施工机械台班消耗量 \times 机械台班单价）$$

施工机械台班单价通常由折旧费、检修费、维护费、安拆费及场外运输费、人工费、燃料动力费和税费组成。

2）仪器仪表使用费是指工程施工所需使用的仪器仪表的摊销及维修费用。

与施工机械使用费相似,仪器仪表使用费的基本计算公式为:仪器仪表使用费 = $\sum$(仪器仪表台班消耗量×仪器仪表台班单价)

仪器仪表台班单价通常由折旧费、维护费、校验费和动力费组成。

4. 企业管理费

(1) 企业管理费的内容

建筑安装工程费中的企业管理费是指建筑安装企业组织施工生产和经营管理所需的费用。内容包括:

1) 管理人员工资:指按规定支付给管理人员的计时工资、奖金、津贴补贴、加班加点工资及特殊情况下支付的工资等。

2) 办公费:指企业管理办公用的文具、纸张、账簿、印刷、邮电、书报、办公软件、现场监控、会议、水电、烧水和集体取暖降温(包括现场临时宿舍取暖降温)等费用。

3) 差旅交通费:指职工因公出差、调动工作的差旅费、住勤补助费,市内交通费和误餐补助费,职工探亲路费,劳动力招募费,职工退休、退职一次性路费,工伤人员就医路费,工地转移费以及管理部门使用的交通工具的油料、燃料等费用。

4) 固定资产使用费:指管理和试验部门及附属生产单位使用的属于固定资产的房屋、设备、仪器等的折旧、大修、维修或租赁费。

5) 工具用具使用费:指企业施工生产和管理使用的不属于固定资产的工具、器具、家具、交通工具和检验、试验、测绘、消防用具等的购置、维修和摊销费。

6) 劳动保险和职工福利费:指由企业支付的职工退职金、按规定支付给离休干部的经费,集体福利费、夏季防暑降温、冬季取暖补贴、上下班交通补贴等。

7) 劳动保护费:企按规定发放的劳动保护用品的支出,如工作服、手套、防暑降温饮料以及在有碍身体健康的环境中施工的保健费用等。

8) 检验试验费:指施工企业按照有关标准规定,对建筑以及材料、构件和建筑安装物进行一般鉴定、检查所发生的费用,包括自设试验室进行试验所耗用的材料等费用。不包括新结构、新材料的试验费,对构件做破坏性试验及其他特殊要求检验试验的费用和建设单位委托检测机构进行检测的费用,对此类检测发生的费用,由建设单位在工程建设其他费用中列支。但对施工企业提供的具有合格证明的材料进行检测不合格的,该检测费用由施工企业支付。

9) 工会经费:指企业按《中华人民共和国工会法》规定的全部职工工资总额比例计提的工会经费。

10) 职工教育经费:指按职工工资总额的规定比例计提,企业为职工进行专业技术和职业技能培训,专业技术人员继续教育、职工职业技能鉴定、职业资格认定以及根据需要对职工进行各类文化教育所发生的费用。

11) 财产保险费:指施工管理用财产、车辆等的保险费用。

12) 财务费:指企业为施工生产筹集资金或提供预付款担保、履约担保、职工工资支付担保等所发生的各种费用。

13) 税金:指企业按规定缴纳的房产税、非生产性车船使用税、土地使用税、印花税、城市维护建设税、教育费附加、地方教育费附加等各项税费。

14）其他：包括技术转让费、技术开发费、投标费、业务招待费、绿化费、广告费、公证费、法律顾问费、审计费、咨询费、保险费等。

（2）企业管理费的计算方法

企业管理费一般采用取费基数乘以费率的方法计算，取费基数有三种，分别是：以直接费为计算基础、以人工费和施工机具费合计为计算基础以及以人工费为计算基础。企业管理费费率计算方法如下：

1）以直接费为计算基础。

企业管理费费率(%) = 生产工人年平均管理费 ÷ (年有效施工天数 × 人工单价) × 人工费占分部分项工程费比例(%)

2）以人工费和机具费合计为计算基础。

企业管理费费率(%) = 生产工人年平均管理费 ÷ [年有效施工天数 × (人工单价 + 每一台施工机具使用费)] × 100%

3）以人工费为计算基础。

企业管理费费率(%) = 生产工人年平均管理费 ÷ (年有效施工天数 × 人工单价) × 100%

工程造价管理机构在确定计价定额中的企业管理费时，应以定额人工费或定额人工费与机具费之和作为计算基数，其费率根据历年积累的工程造价资料，辅以调查数据确定。

5. 利润

建筑安装工程费中的利润是指施工单位从事建筑安装工程施工所获得的盈利，由施工企业根据企业自身需求并结合建筑市场实际自主确定。

工程造价管理机构在确定计价定额中利润时，应以定额人工费或定额人工费与机具费之和作为计算基数，其费率根据历年积累的工程造价资料，并结合建筑市场实际确定，以单位（单项）工程测算，利润在税前建筑安装工程费的比重可按不低于5%且不高于7%的费率计算。利润应列入分部分项工程和措施项目费中。

6. 规费

建筑安装工程费中的规费是指按国家法律、法规规定，由省级政府和省级有关权力部门规定必须缴纳或计取，应计入建筑安装工程造价的费用，主要包括社会保险费、住房公积金。

1）社会保险费包括：

① 养老保险费：企业按规定标准为职工缴纳的基本养老保险费。

② 失业保险费：企业按照国家规定标准为职工缴纳的失业保险费。

③ 医疗保险费：企业按照规定标准为职工缴纳的基本医疗保险费。

④ 工伤保险费：企业按照国务院制定的行业费率为职工缴纳的工伤保险费。

⑤ 生育保险费：企业按照国家规定为职工缴纳的生育保险费。根据"十三五"规划纲要，生育保险与医疗保险合并的实施方案已在12个试点城市形成区域进行试点。

2）住房公积金：企业按规定标准为职工缴纳的住房公积金。

7. 税金

建筑安装工程费中的税金是指国家税法规定的应计入建筑安装工程造价内的增值税额，按照税前造价乘以增值税税率确定。

三、按造价形成划分建筑安装工程费用项目构成

建筑安装工程
费用项目组成
（按造价形成划分）

建筑安装工程费按照工程造价形成由分部分项工程费、措施项目费、其他项目费、规费和税金组成，如图2-5所示。

1. 分部分项工程费

分部分项工程费是指各专业工程的分部分项工程应予列支的各项费用。各类专业工程的分部分项工程划分应遵循现行国家或行业计量规范的规定。分部分项工程费通常用分部分项工程量乘以综合单价进行计算。

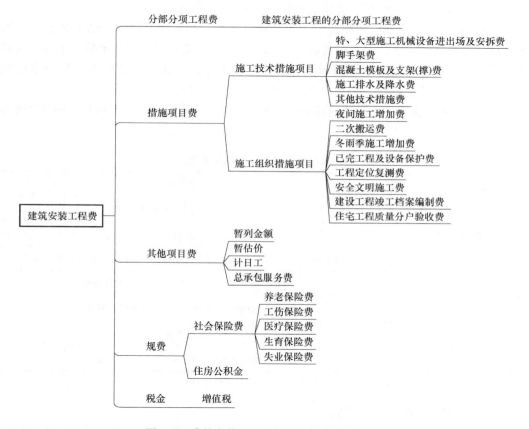

图2-5　建筑安装工程费（按造价形成划分）

综合单价包括人工费、材料费、施工机具使用费、企业管理费和利润，以及一定范围的风险费用。

2. 措施项目费

（1）措施项目费的构成

措施项目费是指为完成建设工程施工，发生于该工程施工前和施工过程中的技术、生活、安全、环境保护等方面的费用，包括人工费、材料费、施工机具使用费、企业管理费、利润和一般风险费。措施项目费分为施工技术措施项目费与施工组织措施项目费。措施项目及其包含的内容应遵循各类专业工程的现行国家或行业计量规范。

（2）施工技术措施项目费构成

1）特、大型机械设备进出场及安拆费：指机械整体或分体自停放场地运至施工现场或由一个施工地点运至另一个施工地点，所发生的机械进出场运输及转移费用及机械在施工现场进行安装、拆卸所需的人工费、材料费、机械费、试运转费和安装所需的辅助设施的费用。

2）脚手架费：指施工需要的各种脚手架搭、拆、运输费用以及脚手架购置费的摊销（或租赁）费用。

3）混凝土模板及支架（撑）费：指混凝土施工过程中需要的各种钢模板、木模板、支架等的支拆、运输费用及模板、支架的摊销（或租赁）费用。

4）施工排水及降水费：指将施工期间有碍施工作业和影响工程质量的水排到施工场地以外，以及防止在地下水位较高的地区开挖深基坑出现基坑浸水，地基承载力下降，在动水压力作用下还可能引起流砂、管涌和边坡失稳等现象而必须采取有效的降水和排水措施费用。该项费用由成井和排水、降水两个独立的费用项目组成。

5）其他技术措施费：指除上述措施项目外，各专业工程根据工程特征所采用的措施项目费用，具体项目见表2-1。

表 2-1　各专业工程常见其他技术措施项目

专业工程	其他技术措施项目
房屋建筑与装饰工程	垂直运输、超高施工增加
仿古建筑工程	垂直运输
通用安装工程	垂直运输、超高施工增加、组装平台、抱杆、防护棚、胎具、充气保护
市政工程	围堰、便道及便桥、洞内临时设施、构件运输
园林绿化工程	树木支撑架、草绳绕树干、搭设遮阳、围堰
构筑物工程	垂直运输
城市轨道交通工程	围堰、便道及便桥、洞内临时设施、构件运输

注：上表内未列明的施工技术措施项目，可根据各专业工程实际情况增加。

（3）施工组织措施项目费构成

1）夜间施工增加费：指因夜间施工所发生的夜班补助费、夜间施工降效、夜间施工照明设备摊销及照明用电等费用。

2）二次搬运费：指因施工场地条件限制而发生的材料、构配件、半成品等一次运输不能到达堆放地点，必须进行二次或多次搬运所发生的费用。

3）冬雨季施工增加费：指在冬季或雨季施工需增加的临时设施、防滑、排除雨雪，人工及施工机械效率降低等费用。

4）已完工程及设备保护费：指竣工验收前，对已完工程及设备采取的必要保护措施所发生的费用。

5）工程定位复测费：指工程施工过程中进行全部施工测量放线和复测工作的费用。

6）安全文明施工费：安全文明施工费是指工程项目施工期间，施工单位为保证安全施工、文明施工和保护现场内外环境等所发生的措施项目费用。通常由环境保护费、文明施工费、安全施工费、临时设施费组成。

　　① 环境保护费是指施工现场为达到环保部门要求所需要的各项费用。

　　② 文明施工费是指施工现场文明施工所需要的各项费用。

　　③ 安全施工费是指施工现场安全施工所需要的各项费用。

　　④ 临时设施费是指施工企业为进行建设工程施工所必须搭设的生活和生产用的临时建筑物、构筑物和其他临时设施费用。包括临时设施的搭设、维修、拆除、清理费或摊销费等。

　　7）建设工程竣工档案编制费（重庆市建设工程费用定额规定）：指施工企业根据建设工程档案管理的有关规定，在建设工程施工过程中收集、整理、制作、装订、归档具有保存价值的文字、图纸、图表、声像、电子文件等各种建设工程档案资料多发生的费用。

　　8）住宅工程质量分户验收费：指施工企业根据住宅工程质量分户验收规定，进行住宅工程分户验收工作发生的人工、材料、检测工具、档案资料等费用。

　　3. 其他项目费

　　（1）暂列金额

　　暂列金额是指建设单位在工程量清单中暂定并包括在工程合同价款中的一笔款项。用于施工合同签订时尚未确定或者不可预见的所需材料、工程设备、服务的采购，施工中可能发生的工程变更、合同约定调整因素出现时的工程价款调整以及发生的索赔、现场签证确认等的费用。

　　暂列金额由建设单位根据工程特点，按有关计价规定估算，施工过程中由建设单位掌握使用、扣除合同价款调整后如有余额，归建设单位。

　　（2）暂估价

　　暂估价是指在施工过程中，承包人完成发包人提出的施工图纸以外的零星项目或工作，按合同约定计算所需的费用。

　　（3）计日工

　　计日工是指在施工过程中，施工企业完成建设单位提出的施工合同范围以外的零星项目或工作，按照合同中约定的以单价计价形成的费用。计日工由建设单位和施工单位按施工过程中的签证计价。

　　（4）总承包服务费

　　总承包服务费是指总承包人为配合、协调建设单位进行的专业工程发包，对建设单位自行采购的材料、工程设备等进行保管以及施工现场管理、竣工资料汇总整理等服务所需的费用。总承包服务费由建设单位在招标控制价中根据总包范围和有关计价规定编制，施工企业投标时自主报价，施工过程中按签约合同价执行。

　　4. 规费和税金

　　规费和税金的构成和计算与建筑安装工程费用项目组成部分是相同的。

真题演练

1.（单选）根据我国现行建筑安装工程费用项目组成的规定，下列费用中，属于安全文明施工费的是（　　　　）。

A. 夜间施工时，临时可移动照明灯具的设置、拆除费用

B. 工人的安全防护用品的购置费用

C. 地下室施工时所采用的照明设施拆除费用

D. 建筑物的临时保护设施费用

2.（单选）根据我国现行建筑安装工程费用项目组成的规定，下列关于措施项目费用说法中正确的是（　　　　）。

A. 冬雨季施工费是指冬、雨季施工需增加的临时设施，防滑处理、雨雪排除等费用

B. 施工排水、降水费由排水和降水两个独立的费用组成

C. 单层建筑物檐口高度超过15m时，可计算超高增加费

D. 已完工程及设备保护费是指分部工程或结构部位验收前，对已完工程及设备采取必要保护措施所发生的费用

3.（单选）根据我国现行建筑安装工程费用项目组成的规定，下列有关费用的表述中不正确的是（　　　　）。

A. 人工费是指支付给直接从事建筑安装工程施工作业的生产工人的各项费用

B. 材料费中材料单价由材料原价、材料运杂费、材料损耗费、采购及保管费五项组成

C. 材料费包含构成或计划构成永久工程一部分的工程设备费

D. 施工机具使用费包含仪器仪表使用费

4.（单选）根据现行建筑安装工程费用项目组成的规定，下列费用项目中，属于施工机具使用费的是（　　　　）。

A. 仪器仪表使用费　　　　　　　　B. 施工机械财产保险费

C. 大型机械进出场费　　　　　　　D. 大型机械安拆费

5.（单选）根据我国现行建筑安装工程费用项目构成的规定，下列费用中属于安全文明施工费的（　　　　）。

A. 夜间施工时，临时可移动照明灯具的设置、拆除费用

B. 工人的安全防护用品的购置费用

C. 地下室施工时采用的照明设施拆除费

D. 建筑物的临时保护设施费

6.（多选）下列有关安全文明施工费的说法中，正确的有（　　　　）。

A. 安全文明施工费包括临时设施费

B. 现场生活用洁净燃料费属于环境保护费

C. "三宝""四口""五临边"等防护费用属于安全施工费

D. 消防设施与消防器材的配置费用属于文明施工费

E. 施工现场搭设的临时文化福利用房的费用属于文明施工费

单元4　设备购置费的组成与计算

设备购置费是指购置或自制的达到固定资产标准的设备、工器具及生产家具等所需的费

用。设备购置费分为外购设备费和自制设备费。

1）外购设备是指设备生产厂制造，符合规定标准的设备。

2）自制设备是指按订货要求，并根据具体的设计图纸自行制造的设备。

$$设备购置费 = 设备原价（含备品备件费）+ 设备运杂费$$

式中，设备原价指国内采购设备的出厂（场）价格，或国外采购设备的抵岸价格；设备运杂费指除设备原价之外的关于设备采购、运输、途中包装及仓库保管等方面支出费用的总和。

一、国产设备原价的组成与计算

国产设备原价一般指的是设备制造厂的交货价或订货合同价，即出厂（场）价格。它一般根据生产厂或供应商的询价、报价、合同价确定，或采用一定的方法计算确定。

国产设备原价分为国产外购设备原价和国产自制设备原价。

1. 国产外购设备原价

国产外购设备是指我国设备生产厂制造，符合规定标准的设备。

国产外购设备一般有完善的设备交易市场，因此可通过查询相关交易市场价格或向设备生产厂家询价得到国产外购设备原价。

$$外购设备购置费 = \sum（设备数量 \times 设备单价）$$
$$设备单价 = 设备原价 + 设备运杂费 + 备品备件费$$

2. 国产自制设备原价

国产自制设备是指按订货要求，并根据具体的设计图纸自行制造的设备。国产自制设备因单件生产、无定型标准，所以无法获取市场交易价格，只能按其成本构成或相关技术参数估算其价格。国产自制设备原价有多种不同的计算方法，如成本计算估价法、系列设备插入估价法、分部组合估价法、定额估价法等。但无论采用哪种方法都应该使非标准设计价接近实际出厂价，并且计算方法要简便。成本计算估价法是一种比较常用的估算自制设备原价的方法。按成本计算估价法，国产自制设备的原价由以下各项组成：

$$自制设备购置费 = \sum（设备数量 \times 设备单价）$$
$$设备单价 = （材料费 + 加工费 + 辅助材料费 + 专用工具费 + 废品损失费 + 外购配套件费 + 包装费 + 利润 + 税金 + 自制设计费）$$

成本计算估价法计算程序见表2-2。

表2-2 成本计算估价法计算程序

构成	计算公式	注意事项
材料费	材料费 = 材料净重 × （1 + 加工损耗系数）× 每吨材料综合价	
加工费	加工费 = 设备总重量（吨）× 设备每吨加工费	包括生产工人工资和工资附加费、燃料动力费、设备折旧费、车间经费等
辅助材料费	设备总重量（吨）× 辅助材料费指标	
专用工具费	（材料费 + 加工费 + 辅助材料费）× 专用工具费率	

（续）

构成	计算公式	注意事项
废品损失费	（材料费＋加工费＋辅助材料费＋专用工具费）×废品损失费率	
外购配套件费	根据相应购买价格＋运杂费	
包装费	（材料费＋加工费＋辅助材料费＋专用工具费＋废品损失费＋外购配套件费）×包装费率	
利润	（材料费＋加工费＋辅助材料费＋专用工具费＋废品损失费＋包装费）×利润率	外购配套件费不计算利润
税金	销售额×适用税率	主要指增值税销售额（包括前面八项）
自制设备设计费	按国家规定的设计费收费标准计算	

【例2-1】　某工厂采购一台国产自制设备，制造厂生产该台设备所用材料费20万元，加工费2万元，辅助材料费4000元。专用工具费率1.5%，废品损失费率10%，外购配套件费5万元，包装费率1%，利润率为7%，自制设备设计费2万元，求该国产自制设备的原价。

解：专用工具费＝（20＋2＋0.4）×1.5%＝0.336（万元）

废品损失费＝（20＋2＋0.4＋0.336）×10%＝2.274（万元）

包装费＝（22.4＋0.336＋2.274＋5）×1%＝0.300（万元）

利润＝（22.4＋0.336＋2.274＋0.3）×7%＝1.772（万元）

销项税额＝（22.4＋0.336＋2.274＋5＋0.3＋1.772）×13%＝4.171（万元）

该国产非标准设备的原价＝22.4＋0.336＋2.274＋0.3＋1.772＋4.171＋2＋5＝38.253（万元）。

二、进口设备原价的构成与计算

进口设备购置费计算公式如下：

进口设备购置费＝∑（设备数量×设备单价）

设备单价＝设备抵岸价＋设备国内运杂费＋备品备件费

设备抵岸价＝设备到岸价＋进口设备从属费用

设备到岸价＝离岸价＋国际运费＋运输保险费

进口设备的原价是指进口设备的抵岸价，即设备抵达买方边境、港口或车站，交纳完各种手续费、税费后形成的价格。

进口设备的原价＝抵岸价＝进口设备到岸价（CIF）＋进口从属费

1. 进口设备的交易价格

在国际贸易中，较为广泛使用的交易价格术语有FOB、CFR和CIF，其含义见表2-3。

2. 进口设备到岸价的构成及计算

进口设备到岸价（CIF）＝离岸价格（FOB）＋国际运费＋运输保险费

＝运费在内价（CFR）＋运输保险费

表 2-3　进口设备交易价格术语表

进口设备抵岸价	设备抵达买方边境、港口或车站，交纳完各种手续费、税费后形成的价格
进口设备从属费用	进口设备在办理进口手续过程中发生的应计入设备原价的银行财务费、外贸手续费、进口关税、消费税、进口环节增值税及进口车辆的车辆购置税等
进口设备到岸价 CIF	即设备抵达买方边境港口或边境车站所形成的价格
进口设备离岸价 FOB	当货物在装运港被装上指定船时，卖方即完成交货义务
运费在内价 CFR	在装运港货物被装上指定船卖方即完成交货，卖方必须支付将货物运至指定的目的港所需的运费和费用，但交货后货物灭失或损坏的风险，以及由于各种事件造成的任何额外费用，即由卖方转移到买方

1）离岸价格，也叫货价，一般指装运港船上交货价（FOB）。设备货价分为原币货价和人民币货价，原币货价一律折算为美元表示，人民币货价按原币货价乘以外汇市场美元兑换人民币汇率中间价确定。进口设备货价按有关生产厂商询价、报价、订货合同价计算。

2）国际运费，即从装运港（站）到达我国目的港（站）的运费。我国进口设备大部分采用海洋运输，小部分采用铁路运输，个别采用航空运输。

进口设备国际运费计算公式为：

国际运费（海、陆、空）＝原币货价（FOB）×运费率

或　　　　国际运费（海、陆、空）＝单位运价×运量

其中，运费率或单位运价参照有关部门或进出口公司的规定执行。

3）运输保险费，对外贸易货物运输保险是由保险人（保险公司）与被保险人（出口人或进口人）订立保险契约，在被保险人交付议定的保险费后，保险人根据保险契约的规定对货物在运输过程中发生的承保责任范围内的损失给予经济上的补偿。这是一种财产保险。计算公式为：

运输保险费＝[原币货价(FOB)＋国际运费]÷(1－保险费率)×保险费率

其中，保险费率按保险公司规定的进口货物保险费率计算。

3. 进口设备从属费的构成及计算

进口设备从属费的计算公式如下：

进口设备从属费＝外贸手续费＋关税＋消费税＋增值税＋车辆购置税

其中，各项构成费用的计算见表 2-4。

表 2-4　进口设备从属费的构成及计算表

费用构成	计算
外贸手续费	到岸价格（CIF）×外贸手续费率×人民币外汇汇率
关税	到岸价格（CIF）×进口关税税率×人民币外汇汇率
消费税	（到岸价格（CIF）×人民币外汇汇率＋关税）÷(1－消费税税率)×消费税税率
增值税	（关税完税价格＋关税＋消费税）×增值税税率
车辆购置税	（关税完税价格＋关税＋消费税）×车辆购置税率

注：到岸价格作为关税的计征基数时，通常又可称为关税完税价格。进口关税税率分为优惠和普通两种。优惠税率适用于与我国签订关税互惠条款的贸易条约或协定的国家的进口设备；普通税率适用于与我国未签订关税互惠条款的贸易条约或未协定的国家的进口设备。进口关税税率按我国海关总署发布的进口关税税率计算。

47

【例2-2】 从某国进口应纳消费税的设备，重量1000t，装运港船上交货价为400万美元，工程建设项目位于国内某省省会城市。如果国际运费标准为300美元/t，海上运输保险费率为3‰，外贸手续费率为1.5%，关税税率为20%，增值税的税率为16%，消费税税率10%，银行外汇牌价为1美元=6.9元人民币，请对该设备的原价进行估算。

解：进口设备离岸价（FOB）=400×6.9=2760（万元）

国际运费=300×1000×6.9=207（万元）

$$海运保险费=\frac{2760+207}{1-0.3\%}×0.3\%=8.93（万元）$$

进口设备到岸价（CIF）=2760+207+8.93=2975.93（万元）

银行财务费=2760×5‰=13.8（万元）

外贸手续费=2975.93×1.5%=44.64（万元）

关税=2975.93×20%=595.19（万元）

$$消费税=\frac{2975.93+595.19}{1-10\%}×10\%=396.79（万元）$$

增值税=（2975.93+595.19+396.79）×16%=634.87（万元）

进口从属费=13.8+44.64+595.19+396.79+634.87=1685.29（万元）

进口设备原价=2975.93+1685.29=4661.22（万元）

4. 设备运杂费的构成及计算

（1）设备运杂费的构成

设备运杂费是指国内采购设备自来源地、国外采购设备自到岸港运至工地仓库或指定堆放地点发生的采购、运输、运输保险、保管、装卸等费用。通常由下列各项构成：

1）运费和装卸费，国产设备由设备制造厂交货地点起至工地仓库（或施工组织设计指定的需要安装设备的堆放地点）止所发生的运费和装卸费；进口设备则由我国到岸港口或边境车站起至工地仓库（或施工组织设计指定的需安装设备的堆放地点）止所发生的运费和装卸费。

2）包装费，是指在设备原价中没有包含的，为运输而进行的包装支出的各种费用。

3）设备供销部门的手续费，应按有关部门规定的统一费率计算。

4）采购与仓库保管费，是指采购、验收、保管和收发设备所发生的各种费用，包括设备采购人员、保管人员和管理人员的工资、工资附加费、办公费、差旅交通费、设备供应部门办公和仓库所占固定资产使用费、工具用具使用费、劳动保护费、检验试验费等。这些费用可按主管部门规定的采购与保管费费率计算。

（2）设备运杂费的计算

设备运杂费按设备原价乘以设备运杂费率计算，其公式为：

设备运杂费=设备原价×设备运杂费率

式中，设备运杂费率按各部门及省、市有关规定计取。

真题演练

1.（单选）国内生产某台非标准设备需材料费18万元，加工费2万元，专用工具费率

5%，设备损失费率10%，包装费0.4万元，利润率为10%，用成本计算估价法计算该设备的利润是（ ）万元。

A. 2.00　　　　　　　B. 2.10　　　　　　　C. 2.31　　　　　　　D. 2.35

2.（单选）某进口设备到岸价为1500万元，银行财务费、外贸手续费合计36万元，关税300万元，消费税和增值税税率分别为10%、17%，则该进口设备原价为（ ）万元。

A. 2386.8　　　　　B. 2376.0　　　　　C. 2362.9　　　　　D. 2352.6

3.（多选）构成进口设备原价的费用项目中，应以到岸价为计算基数的有（ ）。

A. 国际运费　　　　　　　　　　　B. 进口环节增值税

C. 银行财务费　　　　　　　　　　D. 外贸手续费

E. 进口关税

4.（多选）下列费用中应计入设备运杂费的有（ ）。

A. 设备保管人员的工资

B. 设备采购人员的工资

C. 设备自生产厂家运至工地仓库的运费、装卸费

D. 运输中的设备包装支出

E. 设备仓库所占用的固定资产使用费

单元5　工程建设其他费用

工程建设其他费用是指建设期发生的与土地使用权取得、整个工程项目建设以及未来生产经营有关的，除工程费用、预备费、增值税、资金筹措费、流动资金以外的费用。

主要包括土地使用费和其他补偿费、建设管理费、可行性研究费、专项评价费、研究试验费、勘察设计费、场地准备费和临时设施费、引进技术和进口设备材料其他费、工程保险费、联合试运转费、特殊设备安全监督检验费、市政公用配套设施费、专利及专有技术使用费、生产准备费等。

一、用地与工程准备费

土地使用费是指建设项目使用土地应支付的费用，包括建设用地费和临时土地使用费，以及由于使用土地发生的其他有关费用，如水土保持补偿费等。根据《中华人民共和国土地管理法》《中华人民共和国土地管理法实施条例》《中华人民共和国城市房地产管理法》规定，获取国有土地使用权的基本方法有两种：一是出让方式，二是划拨方式；还包括租赁和转让方式。

1. 征地补偿费用

征地补偿费用的组成与计算见表2-5。

2. 拆迁补偿费用

在城市规划区内国有土地上实施房屋拆迁，拆迁人应当对被拆迁人给予补偿、安置。

表 2-5 征地补偿费用的组成与计算

土地补偿费	为该耕地被征前三年平均年产值的 6~10 倍。征用其他土地的补偿费标准，由省、自治区、直辖市参照征用耕地的补偿费标准规定。土地补偿费归农村集体经济组织所有
青苗补偿费和地上附着物补偿费	视协商征地方案前地上附着物价值与折旧情况确定，应根据"拆什么，补什么；拆多少，补多少，不低于原来水平"的原则确定。如附着物产权属于个人，则该项补助费付给个人。地上附着物的补偿标准，由省、自治区、直辖市规定
安置补助费	一个需要安置的农业人口按该耕地被征收前三年平均年产值的 4~6 倍计算。但每公顷的安置补助费最高不超过被征收前三年平均年产值的 15 倍；土地补偿费和安置补助费的总和不得超过土地被征收前三年平均年产值的 30 倍；对于失去土地的农民，还需要支付养老保险补偿
新菜地开发建设基金	征用城郊商品菜地时支付的费用。菜地是指连续 3 年以上种菜或养鱼、虾等的商品菜地和精养鱼塘。这项费用交给地方财政，作为开发建设新菜地的投资
耕地开垦费和森林植被恢复费	征用耕地的包括耕地开垦费用，涉及森林草原的包括森林植被恢复费用等
生态补偿与压覆矿产资源补偿费	对生态造成影响的除工程费外补救或者补偿费用；对被压覆的矿产资源利用造成影响所发生的补偿费用
其他补偿费	涉及的房屋、铁路等不附属于建设用地但与建设项目相关的建筑物、构筑物或设施的拆除、迁建补偿、搬迁运输补偿等费用
土地管理费	一般是在土地补偿费、青苗补偿费和地上附着物补偿费、安置补助费四项费用之和的基础上提取 2%~4%；如果是征地包干的，还需要在四项费用之和后再加上粮食价差、不可预见费等基础上的 2%~4%

1）拆迁补偿金。拆迁补偿的方式可以实行货币补偿，也可以实行房屋产权调换。

货币补偿的金额，根据被拆迁房屋的区位、用途、建筑面积等因素，以房地产市场评估价格确定。具体办法由省、自治区、直辖市人民政府制定。

实行房屋产权调换的，拆迁人与被拆迁人按照计算得到的被拆运房屋的补偿金额和所调换房屋的价格，结清产权调换的差价。

2）迁移补偿费。包括征用土地上的房屋及附属构筑物、城市公共设施等拆除、迁建补偿费、搬迁运输费，企业单位因搬迁造成的减产、停工损失补贴费、拆迁管理费等。对于在规定的搬迁期限届满前搬迁的，拆迁人可以付给提前搬家应有奖励费；过渡期应给予临时安置补助费；迁移补偿费的标准，由省、自治区、直辖市人民政府规定。

3. 出让金、土地转让金

土地使用权出让金为用地单位向国家支付的土地所有权收益，出让金标的一般参考城市基准地价并结合其他因素制定。基准地价由市土地管理局会同市物价局、市国有资产管理局、市房地产管理局等部门综合平衡后根据市级人民政府审定通过，它以城市土地综合定级为基础，用某一地价或地价幅度表示某一类别用地在某一土地级别范围的地价，以此作为土地使用权出让价格的基础。

在有偿出让和转让土地时，政府对地价不作统一规定，但坚持以下原则：地价对目前的投资环境不产生大的影响；地价与当地的社会经济承受能力相适应；地价要考虑已投入的土地开发费用、土地市场供求关系、土地用途、所在区类、容积率和使用年限等。有偿出让和转让使用权，要向土地受让者征收契税，转让土地如有增值，要向转让者征收土地增值税；土地使用者每年应按规定的标准缴纳土地使用费。土地使用权出让或转让，应先由地价评估机构进行价格评估后，再签订土地使用权出让和转让合同。

土地使用权出让合同约定的使用年限届满，土地使用者需要继续使用土地的，应当至迟于届满前一年申请续期，除根据社会公共利益需要收回该土地的，应当予以批准。经批准予以续期的，应当重新签订土地使用权出让合同，依照规定支付土地使用权出让金。

二、建设管理费

建设管理费是指建设单位从项目筹建之日起至办理竣工财务决算之日止发生的管理性质的支出。包括工作人员薪酬及相关费用、办公费、办公场地租用费、差旅交通费、劳动保护费、工具用具使用费、固定资产使用费、招募生产工人费、技术图书资料费（含软件）、业务招待费、竣工验收费和其他管理性质开支。

三、市政公用配套设施费

市政公用配套设施费是指使用市政公用设施的工程项目，按照项目所在地政府有关规定或缴纳的市政公用设施建设配套费用。市政公用配套设施可以是届区外配套的水、电、路、信等，包括绿化、人防等配套设施。

四、技术服务费

技术服务费是指在项目建设全部过程中委托第三方提供项目策划、技术咨询、勘察设计、项目管理和跟踪验收评估等技术服务发生的费用。技术服务费包括专项评价费、可行性研究费、勘察设计费、研究试验费、监理费、特殊设备安全监督检验费、监造费、招标费、设计评审费、技术经济标准使用费、工程造价咨询费及其他咨询费。按照国家发改委关于《进一步放开建设项目专业服务价格的通知》（发改价格〔2015〕299号）的规定，技术服务费应实行市场调节价。

1. 专项评价费

专项评价费是指建设单位按照国家规定委托有资质的单位开展专项评价及有关验收工作发生的费用。包括环境影响评价及验收费、安全预评价及验收费、职业病危害预评价及控制效果评价费、地震安全性评价费、地质灾害危险性评价费、水土保持评价及验收费、压覆矿产资源评价费、节能评估费、危险与可操作性分析及安全完整性评价费以及其他专项评价及验收费。

2. 可行性研究费

可行性研究费是指在工程项目投资决策阶段，对有关建设方案、技术方案或生产经营方案进行的技术经济论证，以及编制、评审可行性研究报告等所需的费用。

3. 勘察设计费

（1）勘察费

勘察费是指勘察人根据发包人的委托，收集已有资料、现场踏勘、制定勘察纲要，进行勘察作业，以及编制工程勘察文件和岩土工程设计文件等收取的费用。

（2）设计费

设计费是指设计人根据发包人的委托，提供编制建设项目初步设计文件、施工图设计文件、非标准设备设计文件、竣工图文件等服务所收取的费用。

4. 研究试验费

研究试验费是指为建设项目提供和验证设计参数、数据、资料等进行必要的研究和试验，以及设计规定在施工中必须进行试验、验证所需要费用。包括自行或委托其他部门的专题研究、试验所需人工费、材料费、试验设备及仪器使用费等。

5. 监理费

监理费是指受建设单位委托，工程监理单位为工程建设提供监理等服务所发生的费用。

6. 特殊设备安全监督检验费

特殊设备安全监督检验费是指对在施工现场安装的列入国家特种设备范围内的设备检验检测和监督检查所发生的应列入项目开支的费用。

7. 监造费

监造费是指对项目所需设备材料制造过程、质量进行驻厂监督所发生的费用。

8. 招标费

招标费是指建设单位委托招标代理机构进行招标服务所发生的费用。

9. 设计评审费

设计评审费是指建设单位委托有资质的机构对设计文件进行评审的费用。设计文件包括初步设计文件和施工图设计文件等。

10. 技术经济标准使用费

技术经济标准使用费是指建设项目投资确定与计价、费用控制过程中使用相关技术经济标准所发生的费用。

11. 工程造价咨询费

工程造价咨询费是指建设单位委托咨询机构进行各阶段相关造价业务工作所发生的费用。

五、建设期计列的生产经营费

1. 专利及专用技术使用费

专利及专用技术使用费的主要内容包括：

1）工艺包费，设计及技术资料费，有效专利，专有技术使用费，技术保密费和技术服务费等；

2）商标权、商誉和特许经营权费；

3）软件费等。

2. 联合试运转费

联合试运转费是指新建项目或新增加生产能力的工程，在交付生产前按照批准的设计文件所规定的工程质量标准和技术要求，进行整个生产线或装置的负荷联合试运转或局部联动试车所发生的费用净支出（试运转支出大于收入的差额部分费用）。不包括应由设备安装工程费用开支的调试及试车费用，以及在试运转中暴露出来的因施工原因或设备缺陷等发生的处理费用。

试运转支出包括试运转所需原材料、燃料及动力消耗、低值易耗品、其他物料消耗、工具用具使用费、机械使用费、保险金、施工单位参加试运转人员工资以及专家指导费等。试运转收入包括试运转期间的产品销售收入和其他收入。

3. 生产准备费

建设单位为保证项目正常生产而发生的人员培训费、提前进厂费以及投产使用必备的办公、生活家具用具及工器具等的购置费用。

六、工程保险费

工程保险费是指在建设期内对建筑工程、安装工程、机械设备和人身安全进行投保而发生的费用。包括建筑安装工程一切险、工程质量保险、进口设备财产保险和人身意外伤害险等。

七、税费

按财政部《基本建设项目建设成本管理规定》，税费统一归纳计列，是指耕地占用税、城镇土地使用税、印花税、车船使用税等和行政性收费，不包括增值税。

真题演练

1.（单选）建设单位通过市场机制取得建设用地，不仅应承担征地补偿费用、拆迁补偿费用，还须向土地所有者支付（　　）。

A. 安置补助费　　　　　　　　　　　B. 土地出让金

C. 青苗补偿费　　　　　　　　　　　D. 土地管理费

2.（单选）下列与建设用地有关的费用中，归农村集体经济组织所有的是（　　）。

A. 土地补偿费　　　　　　　　　　　B. 青苗补偿费

C. 拆迁补偿费　　　　　　　　　　　D. 新菜地开发建设基金

3.（单选）关于征地补偿费用，下列表述中正确的是（　　）。

A. 地上附着物补偿应根据协调征地方案前地上附着物的实际情况确定

B. 土地补偿和安置补偿费的总和不得超过土地被征用前三年平均年产值的 15 倍

C. 征用未开发的规划菜地按一年只种一茬的标准缴纳新菜地开发建设基金

D. 征地补偿费不包括耕地开垦费和森林植被恢复费

4.（单选）下列费用项目中，属于联合试运转费中试运转支出的是（　　）。

A. 施工单位参加试运转人员的工资

B. 单台设备的单机试运转费

C. 试运转中暴露出来的施工缺陷处理费用

D. 试运转中暴露出来的设备缺陷处理费用

5.（多选）下列建设地取得费用中，属于征地补偿费的有（　　）。

A. 土地补偿费　　　　　　　　　　　B. 安置补助费

C. 搬迁补助费　　　　　　　　　　　D. 土地管理费

E. 土地转让金

单元6 预备费及建设期利息

一、预备费

预备费是指在建设期内因各种不可预见因素的变化而预留的可能增加的费用，包括基本预备费和价差预备费。

1. 基本预备费

（1）基本预备费的内容

基本预备费是指针对项目实施过程中可能发生难以预料的支出而事先预留的费用，又称工程建设不可预见费，主要指设计变更及施工过程中可能增加工程量的费用，基本预备费一般由以下四部分构成：

1）工程变更及洽商。在批准的初步设计范围内，技术设计、施工图设计及施工过程中所增加的工程费用；设计变更、工程变更、材料代用、局部地基处理等增加的费用。

2）一般自然灾害处理。一般自然灾害造成的损失和预防自然灾害所采取的措施费用。实行工程保险的工程项目，该费用应适当降低。

3）不可预见的地下障碍物处理的费用。

4）超规超限设备运输增加的费用。

（2）基本预备费的计算

基本预备费是按工程费用和工程建设其他费用二者之和为计取基础，乘以基本预备费费率进行计算，计算公式如下：

$$基本预备费 = （工程费用 + 工程建设其他费用） \times 基本预备费费率$$

基本预备费费率由工程造价管理机构根据项目特点综合分析后确定。

2. 价差预备费

（1）价差预备费的内容

价差预备费是指为在建设期内利率、汇率或价格等因素的变化而预留的可能增加的费用，亦称为价格变动不可预见费。价差预备费的内容包括：人工、设备、材料、施工机械的价差费，建筑安装工程费及工程建设其他费用调整，利率、汇率调整等增加的费用。

（2）价差预备费的计算

价差预备费一般根据国家规定的投资综合价格指数，按估算年份价格水平的投资额为基数，采用复利方法计算。计算公式为：

$$PF = \sum_{t=1}^{n} I_t \left[(1+f)^m (1+f)^{0.5} (1+f)^{t-1} - 1 \right]$$

式中　PF——价差预备费；

　　　　n——建设期年份数；

　　　　I_t——建设期中第 t 年的静态投资计划额，包括工程费用、工程建设其他费用及基本预备费；

f——年涨价率;

m——建设前期年限(从编制估算到开工建设,单位为年)。

价差预备费中的投资价格指数按国家颁布的计取,当前暂时为零,计算式中 $(1+f)^{0.5}$ 表示建设期第 t 年当年投资分期均匀投入考虑涨价的幅度,对设计建设周期较短的项目价差预备费计算公式可简化处理。特殊项目或必要时可进行项目未来价差分析预测,确定各时期投资价格指数。

【例 2-3】 某建设项目建安工程费 5000 万元,设备购置费 3000 万元,工程建设其他费用 2000 万元,已知基本预备费率 5%,项目建设前期年限为 1 年,建设期为 3 年,各年投资计划额为:第一年完成投资 20%,第二年 60%,第三年 20%。年均投资价格上涨率为 6%,求建设项目建设期间价差预备费。

解析:基本预备费 $= (5000+3000+2000) \times 5\% = 500$(万元)

静态投资 $= 5000+3000+2000+500 = 10500$(万元)

建设期第一年完成投资 $= 10500 \times 20\% = 2100$(万元)

第一年价差预备费为:$PF_1 = I_1 \left[(1+f)(1+f)^{0.5} - 1 \right] = 191.8$(万元)

第二年完成投资 $= 10500 \times 60\% = 6300$(万元)

第二年价差预备费为:$PF_2 = I_2 \left[(1+f)(1+f)^{0.5}(1+f) - 1 \right]$
$$= 987.9 \text{(万元)}$$

第三年完成投资 $= 10500 \times 20\% = 2100$(万元)

第三年价差预备费为:$PF_3 = I_3 \left[(1+f)(1+f)^{0.5}(1+f)^2 - 1 \right]$
$$= 475.1 \text{(万元)}$$

所以,建设期的价差预备费为:
$$PF = 191.8 + 987.9 + 475.1 = 1654.8 \text{(万元)}$$

二、建设期利息

建设期利息主要是指在建设期内发生的为工程项目筹措资金的融资费用及债务资金利息。

建设期利息的计算,根据建设期资金用款计划,在总贷款分年均衡发放前提下,可按当年借款在年中支用考虑,即当年贷款按半年计息,上年贷款按全年计息。

计算公式为:

$$q_j = \left(P_{j-1} + \frac{1}{2} A_j \right) \cdot i$$

式中 q_j——建设期第 j 年应计利息;

P_{j-1}——建设期第 $(j-1)$ 年末累计贷款本金与利息之和;

A_j——建设期第 j 年贷款金额;

i——年利率。

【例 2-4】 某新建项目,建设期为 3 年,分年均衡进行贷款,第一年贷款 300 万元,第二年贷款 600 万元,第三年贷款 400 万元,年利率为 12%,建设期内利息只计息不支付,计算建设期利息。

【解】 在建设期,各年利息计算如下:

$$q_1 = \frac{1}{2} A_1 \cdot i = \frac{1}{2} \times 300 \times 12\% = 18 \ (\text{万元})$$

$$q_2 = \left(P_1 + \frac{1}{2} A_2 \right) \cdot i = \left(300 + 18 + \frac{1}{2} \times 600 \right) \times 12\% = 74.16 \ (\text{万元})$$

$$q_3 = \left(P_2 + \frac{1}{2} A_3 \right) \cdot i = \left(318 + 600 + 74.16 + \frac{1}{2} \times 400 \right) \times 12\% = 143.06 \ (\text{万元})$$

所以，建设期利息 $= q_1 + q_2 + q_3 = 18 + 74.16 + 143.06 = 235.22$ （万元）

真题演练

1. （单选）国内生产某台非标准设备需材料费 18 万元，加工费 2 万元，专用工具费率 5%，设备损失费率 10%，包装费 0.4 万元，利润率为 10%，用成本计算估价法计算得该设备的利润是（　　）万元。

A. 2.00　　　　　　B. 2.10　　　　　　C. 2.31　　　　　　D. 2.35

2. （单选）根据现行建设项目投资构成相关规定，固定资产投资应与（　　）相对应。

A. 工程费用 + 工程建设其他费用

B. 建设投资 + 建设期利息

C. 建设安装工程费 + 设备及工器具购置费

D. 建设项目总投资

3. （单选）关于我国现行建设项目投资构成的说法中，正确的是（　　）。

A. 生产性建设项目总投资为建设投资和建设期利息之和

B. 工程造价为工程费用、工程建设其他费用和预备费之和

C. 固定资产投资为建设投资和建设期利息之和

D. 工程费用为人工费、材料费、施工机具使用费、企业管理费、利润、规费和税金之和

4. （单选）某项目共需资金 900 万元，建设期 3 年，按年度均衡筹资，第一年贷款为 300 万元，第二年贷款为 400 万元，建设期内只计息但不支付，年利率为 10%，则第二年的建设期利息为（　　）万元。

A. 50.00　　　　　B. 51.50　　　　　C. 71.50　　　　　D. 86.65

5. （单选）某建设项目，经投资估算确定的工程费用与工程建设其他费用合计为 2000 万元，项目建设前期年限为半年，项目建设期为 2 年，每年各完成投资计划 50%。在基本预备费费率为 5%，年均投资价格上涨率为 10% 的情况下，该项目建设期的价差预备费为（　　）万元。

A. 300.0　　　　　B. 310.0　　　　　C. 315.0　　　　　D. 325.5

6. （单选）某进口设备到岸价为 1500 万元，银行财务费、外贸手续费合计 36 万元，关税 300 万元，消费税和增值税税率分别为 10%、17%，则该进口设备原价为（　　）万元。

A. 2386.8　　　　B. 2376.0　　　　C. 2362.9　　　　D. 2352.6

7. （单选）在我国建设项目投资构成中，超规超限设备运输增加的费用属于（　　）。

A. 设备及工器具购置费　　　　　　　　B. 基本预备费

C. 工程建设其他费　　　　　　　　　　　　　D. 建筑安装工程费

8. （单选）预备费包括基本预备费和价差预备费，其中价差预备费的计算应是（　　）。

A. 以编制年费的静态投资为基数，采用单利方法

B. 以编制年费的静态投资为基数，采用复利方法

C. 以估算年费价格水平的投资额为基数，采用单利方法

D. 以估算年费价格水平的投资额为基数，采用复利方法

9. （单选）某建设项目工程费用 5000 万元，工程建设其他费用 1000 万元。基本预备费率为 8%，年均投资价格上涨率 5%，建设期两年，计划每年完成投资 50%，则该项目建设期第二年价差预备费应为（　　）万元。

A. 160.02　　　　　　B. 227.79　　　　　　C. 246.01　　　　　　D. 326.02

10. （单选）某建设项目建筑安装工程费为 6000 万元，设备购置费为 1000 万元，工程建设其他费用为 2000 万元，建设期利息为 500 万元。若基本预备费费率为 5%，则该建设项目的基本预备费为（　　）万元。

A. 350　　　　　　B. 400　　　　　　C. 450　　　　　　D. 475

11. （单选）在我国建设项目投资构成中，超规超限设备运输增加的费用属于（　　）。

A. 设备及工器具购置费　　　　　　　　　　B. 基本预备费

C. 工程建设其他费　　　　　　　　　　　　D. 建筑安装工程费

12. （多选）构成进口设备原价的费用项目中，应以到岸价为计算基数的有（　　）。

A. 国际运费　　　　　　　　　　　　　　　B. 进口环节增值税

C. 银行财务费　　　　　　　　　　　　　　D. 外贸手续费

E. 进口关税

13. （多选）下列费用中应计入设备运杂费的有（　　）。

A. 设备保管人员的工资

B. 设备采购人员的工资

C. 设备自生产厂家运至工地仓库的运费、装卸费

D. 运输中的设备包装支出

E. 设备仓库所占用的固定资产使用费

模块3

工程造价的计价依据

思维导图

模块3 工程造价的计价依据

- 工程计价方法及计价依据的分类
  - 工程计价方法
  - 工程计价依据的分类

- 工程计价基本原理
  - 利用函数关系对拟建项目的造价进行类比匡算
  - 分部组合计价原理
    - 分部分项工程费（或措施项目费）=Σ[基本构造单元工程量（定额项目或清单项目）×相应单价]

- 建筑安装工程人工、材料和施工机具台班消耗量的确定
  - 施工过程分解及工时研究
  - 确定人工定额消耗量的基本方法
  - 确定材料定额消耗量的基本方法
  - 确定机械台班人工定额消耗量的基本方法

- 建筑安装工程人工、材料和施工机具台班单价的确定
  - 人工日工资单价组成内容
  - 材料单价的组成和确定方法
  - 机械台班单价的组成和确定方法

- 工程计价信息及其应用

- BIM技术在建设各阶段的应用

职业精神

理论联系实际

学习目标

1. 了解工程计价方法及计价依据的分类；
2. 熟悉工程计价基本原理；
3. 掌握建筑安装工程人工、材料和施工机具台班消耗量的确定；
4. 掌握建筑安装工程人工、材料和施工机具台班单价的确定；
5. 熟悉工程计价定额的编制；
6. 了解工程计价信息及其应用；
7. 熟悉 BIM 技术在建设各阶段的应用。

思政园地

我国古代最有效的建筑著作之一——宋代李诫的《营造法式》

宋代是我国古代建筑发展的一个高潮时期。无论建筑规划设计、木构建筑技术与工艺、建筑装修与色彩以及工程组织与管理等方面，都达到了前所未有的巅峰。因此，了解宋代建筑就能更好地了解中国古代建筑。

宋代李诫《营造法式》是我国古代最有效的建筑著作之一，不仅是打开宋代建筑科学与艺术殿堂之门的一把钥匙，也为读懂中国古代建筑的理念和精神提供了一部良好的教材。从《营造法式》的序来看，宋代实行的实际上是一种建筑工程预算定额，目的是对建筑工程中虚报冒估、偷工减料等侵吞国家财富的行为做出反应，提供对策，从而用一套行之有效的工料估算方法来节制各项工程的财政开支。对此，李诫确实在"功限"和"料例"两部分下了功夫，不仅规定了按工艺要求高低分上、中、下三等工和按季节分长、中、短等工的计算标准，而且根据材料容重、搬运距离和材料使用情况规定了不同的估工方法，其条章之精细，令人叹服。在编写体例上，把定额按工种分类，逐一分解到单个部件，这样就使任何工程项目都能查到所需定额。为了使用方便，又把各种部件的规格汇集成"制度"一项，列于定额之前，作为靠估工料的样板，并附图样加以补充说明，最后还制订出变通使用定额的办法。这就是李诫所创的：制度—定额—比类增减的三步式编写体例，也是编制预算时使用《营造法式》的操作步骤。

其具体做法如下：

第一步，明确规格，即举出各种部件的有代表性的式样和尺寸，作为功限和料例做单项分析时的样板和例据。这就是书中第三至十五卷所列 13 个工种"制度"的内容。

第二步，制订单个部件的工料定额，即按上述"制度"所举的样板，定出单项用工及用料数，就是书中第十六至二十八卷的"功限"和"料例"两部分。

第三步，比类增减，即根据"功限"和"料例"提供的样板，对照工程中实际使用的部件式样和尺寸，比较其繁简、大小、难易而增减其工料数，得出最后的计算结果。这三个步骤是环环相扣、前后连贯的整体，都是围绕着一个目的——关防工料，节约开支，保证质量。

这就是李诫这位建筑大师在九百多年前以其特有的工作经历、丰富的实践经验及一丝不苟的工作态度，把调查研究、收集第一手资料做得十分到位，为完成此书打下了基础。他是一个实干家，也是建筑工程管理的内行。当他接到任务编修《营造法式》时，已在将作监工作了8年，积累了丰富的工程经验。在编写过程中，他深入实际，以匠为师。书中所收材料3555条，其中3272条"系来自工作相传，并是经久可以行用之法"，占全部材料的92%。对于所收材料，李诫还召集工匠逐条加以讨论。正由于李诫创立了合理的体例和密切结合实际的工作路线，因此此书编成后能顺利得到主管部门认可，在京师地区推出试行。3年之后，又在京师以外地区推广，也从实践方面证明了此书的广泛适用性。

【谈一谈】

1. 从李诫这位建筑大师身上你学到了什么？

2. 举例说明你觉得什么是工匠精神。

3. 我们应该如何培养自己的工匠精神？

【课程引导】

在今天这个背景案例中，我们探讨了对工匠精神的认识以及作为一名未来的工程师应该具备的基本素质。本模块我们就要沿着李诫等创立的合理的体例和密切结合实际的工作路线来学习定额的基本原理。

单元1 工程计价概述

一、工程计价的含义

工程计价是指按照法律法规和标准规定的程序、方法和依据，对工程项目实施建设的各个阶段的工程造价及其构成进行预测和估算的行为。

工程计价结果反映了工程的货币价值，在市场经济体制下，它是工程建设各方关注的核心，因此对工程计价有严格要求。其具体含义包括：要按照法律法规和标准规定的程序、方法和依据，即方法要合乎法律、法规和标准的要求，程序正确、方法正确、依据正确；要对各阶段工程造价及其构成进行计算；工程计价结果是投资控制的依据；后一次估价不能超过前一次估价的幅度；基本确定了建设资金的需要量，为筹集资金提供比较准确的依据；工程计价结果是合同价款管理的基础；合同价款管理的各项内容中始终有工程计价的存在。

二、工程计价的特征

因建设项目可以在不同时点、不同地点建设，并且它是由一个抽象的概念、设计到具体实施，形成实体的过程，因此，工程计价具有以下特征：

1）项目对象的单件性。每个建设项目或建筑产品都会因设计方案、建设时间、地点、技术条件而不同，因此，工程计价必须针对每项工程单独计算其工程造价。

2）计价过程的多次性。工程项目需要按程序进行策划、设计、建设实施，工程计价也需要在不同阶段多次进行，不断深入和细化，以保证工程计价结果的准确性和工程管理的有效性。

3）构成内容的组合性。一个建设项目可按单项工程、单位工程、分部工程、分项工程等进行多层级的分解，工程计价也是一个逐步组合的过程。工程造价的组合过程是从分部分项工程造价到单位工程造价，再到单项工程造价，最后计算工程建设项目总投资。

4）计价方式的多样性。工程项目多次计价，在不同阶段有不同的计价依据，每次计价的精确度要求也各不相同，由此决定了计价方法的多样性。例如，投资估算有指标估算法和生产能力指数法。

5）计价依据的复杂性。工程计价的准确性主要来自工程计量的准确性和计价依据的可靠性，而影响工程造价的因素较多，这就决定了工程造价管理标准、工程计价定额、工程计价信息等工程计价依据的复杂性。

三、工程计价的基本原理

1. 利用函数关系对拟建项目的造价进行类比计算

适用情况：没有具体的图样和工程量清单时。

注意： 规模对造价的影响，两者并非总呈线性关系，因此要选择合适的产出函数，寻找规模和经济有关的经济数据。例如，生产能力指数法就是利用生产能力和投资额之间的关系函数进行投资估算的方法。

建设工程计价原理

2. 分部组合计价原理

适用情况：设计方案已经确定。

基本原理： 项目的分解和价格的组合。将建设项目自上而下细分至最基本的构造单元，采用适当的计量单位计算其工程量，结合当时当地的工程单价，先计算各基本构造单元的价格，再对费用按照类别进行组合汇总，计算出相应工程造价。

工程计价的基本过程用公式表示如下：

$$\genfrac{}{}{0pt}{}{\text{分部分项工程费或}}{\text{单价措施项目费}} = \Sigma \left[\text{基本构造单元工程量(定额项目或清单项目)×相应单价} \right]$$

工程计价分为工程计量和工程组价两个环节。

（1）工程计量（定额、清单）

工程计量工作包括工程项目的划分和工程量的计算。

1）单位工程基本构造单元的确定，即划分工程项目。编制工程概预算时，主要是按工程定额进行项目的划分；编制工程量清单时，主要是按照清单工程量计算规范规定的清单项目进行划分。

2）工程量的计算就是按照工程项目的划分和工程量计算规则，就不同的设计文件对工程实物量进行计算。工程实物量是计价的基础，不同的计价依据有不同的计算规则。目前，工程量计算规则包括两大类：各类工程定额规定的计算规则和各专业工程量技术规范附录中规定的计算规则。

（2）工程组价（单价、总价）

工程组价包括单价的确定和总价的计算。

1）工程单价是指完成单位工程基本构造单元的工程量所需要的基本费用。包括工料单价和综合单价。

$$工料单价 = \sum（人、材、机消耗量 \times 人、材、机单价）$$

$$综合单价 = 人工、材料、机具使用费及分摊的其他费用$$

$$清单综合单价 = 人工费 + 材料费 + 机具使用费 + 企业管理费 + 利润 + 风险$$

$$全费用综合单价 = 人工费 + 材料费 + 机具使用费 + 企业管理费 + 利润 + 规费 + 税金$$

2）工程总价是按规定的程序或办法逐级汇总形成的相应工程造价。分为单价法和实物量法。

① 单价法：包括工料单价法和综合单价法。计算规则是先算量（定额或清单），再套单价。

② 实物量法：依据施工图纸、预算定额项目划分，计算分部分项工程量，套预算定额消耗量，再根据各要素的实际价格及各项费率汇总形成工程造价。

四、工程计价的基本方法

传统的工程计价方法根据采用的单价内容和计算程序不同，主要分为项目单价法和实物量法。

1. 项目单价法

项目单价法又分为定额计价法（工料单价法）和工程量清单计价法（综合单价法）。

1）工料单价法。首先依据相应计价定额的工程量计算规则计算项目的工程量，其次依据定额的人、材、机要素消耗量和单价，计算各个项目的直接费，汇总成直接费合价，最后再按照相应的取费程序计算其他各项费用，汇总形成相应的工程造价。

2）综合单价法。若采用全费用综合单价，首先依据相应工程量计算规范规定的工程量计算规则计算工程量，并依据相应的计价依据确定综合单价，然后用工程量乘以综合单价并汇总，即可得出分部分项工程及单价措施项目费，之后再按相应的办法计算总价措施费、其他项目费，汇总形成相应工程造价。我国现行的《建设工程工程量清单计价规范》（GB 50500—2013）中规定的清单综合单价属于不完全综合单价，当把规费和税金计入不完全单价后即可形成完全综合单价。

2. 实物量法

实物量法是依据施工图纸和预算定额的项目划分即工程量计算规则，先计算出分部分项工程量，然后套用预算定额（消耗量定额）计算人、材、机等要素的消耗量，再根据各要素的实际价格及各项费率汇总形成相应工程造价的方法。

五、工程计价依据

工程计价依据如图 3-1 所示。

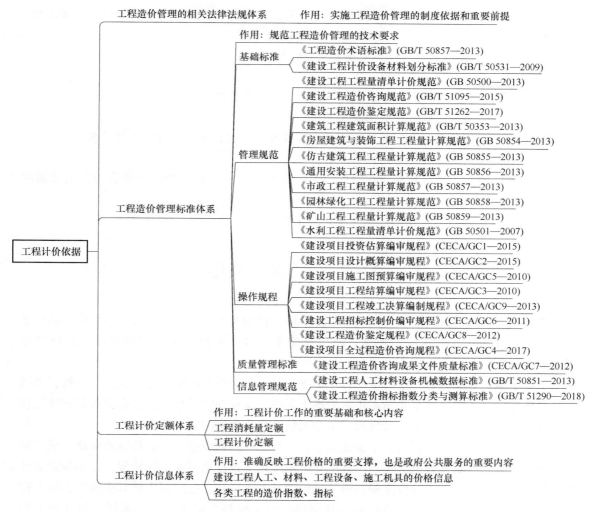

图 3-1　工程计价依据

真题演练

1. （单选）关于工程造价的分部组合计价原理，下列说法正确的是（　　）。

A. 分部分项工程费 = 基本构造单元工程量 × 工料单价

B. 工料单价指人工、材料和施工机械台班单价

C. 基本构造单元是由分部工程适当组合形成

D. 工程总价是按规定程序和方法逐级汇总形成的工程造价

2. （单选）关于建设工程的分部组合计价，下列说法中正确的是（　　）。

A. 适用于没有具体图样和工程量清单的建设项目计价

B. 要求将建设项目细分到最基本的构造单元

C. 利用产出函数进行计价

D. 具有自上而下、由粗到细的计价组合特点

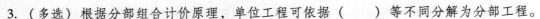

3. （多选）根据分部组合计价原理，单位工程可依据（　　）等不同分解为分部工程。

A. 结构部位　　　　　　　　　　B. 路段长度

C. 施工特点　　　　　　　　　　D. 材料

E. 工序

4. （多选）关于工程计价的方法，下列说法不正确的有（　　）。

A. 工程计价结果反映了工程的货币价值

B. 当一个建设项目还没有具体的图样和工程量清单时，常用分部组合计价法

C. 工程计价是自下而上的分部组合计价

D. 工程计价的基本原理在于项目的分解和价格的组合，要求将建设项目细分到最基本的构造单元

E. 工程总价的确定分为工料单价法和综合单价法

单元2　工程定额概述

工程建设是物质资料的生产活动，需要消耗大量的人力、物力和财力。为了生产的科学管理，需要规定和计划这些消耗量，所以产生了定额。定额就是规定的额度，或称数量标准。

工程定额一般是指在一定的生产力水平下，在工程建设中单位产品的人工、材料、机械消耗的额度。工程定额体系是指在正常的施工条件下完成规定计量单位的合格建筑安装工程所消耗的人工、材料、施工机具台班、工期天数及相关费率的数量标准。

工程计价定额是指工程定额中直接用于工程计价的定额或指标，包括预算定额、概算定额、概算指标和投资估算指标等。不同的计价定额用于建设项目的不同阶段，作为确定和计算工程造价的依据。工程计价定额是科学计价的最基础资料，已经成为独具中国特色的工程计价依据的核心内容。工程计价定额必须始终满足三个基本要求：一是满足工程（该工程可能是单项工程、单位工程、分部工程或分项工程）单价的确定；二是该工程单价依据计价定额的编制期与工程建设期的不同可进行调整；三是要准确反映人工、材料、施工机械的消耗量。

一、工程定额的分类

工程定额是一个综合概念，是建设工程造价计价和管理中各类定额的总称，包括许多种类的定额，可以按照不同原则和方法对它进行分类。

1. 按定额反映的生产要素消耗内容分类

按定额反映的生产要素消耗内容分类，可以把工程定额划分为劳动消耗定额、材料消耗定额和机具消耗定额三种，如图3-2所示。

（1）劳动消耗定额

劳动消耗定额简称劳动定额（也称为人工定额），是指在正常施工技术和组织条件下，完成规定计量单位合格的建筑安装产品所消耗的人工工日的数量标准。劳动定额的主要表现

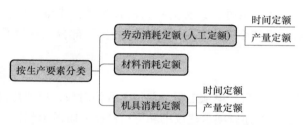

图 3-2　按定额反映的生产要素消耗内容分类图

形式是时间定额，但同时也表现为产量定额，时间定额与产量定额互为倒数。

（2）材料消耗定额

材料消耗定额简称材料定额，是指在正常施工技术和组织条件下，完成规定计量单位合格的建筑安装产品所消耗的原材料、成品、半成品、构配件、燃料及水、电等动力资源的数量标准。

（3）机具消耗定额

机具消耗定额由机械消耗定额与仪器仪表消耗定额组成，机械消耗定额是以一台机械一个工作台班为计量单位，所以又称机械台班定额。机械消耗定额是指在正常施工技术和组织条件下，完成规定计量单位合格的建筑安装产品所消耗的施工机械台班的数量标准。机械台班定额的主要表现形式是机械时间定额，同时也以产量定额表现。施工仪器仪表消耗定额的表现形式与机械消耗定额类似。

2. 按定额的编制程序和用途分类

按定额的编制程序和用途分类，可以把工程定额分为施工定额、预算定额、概算定额、概算指标和投资估算指标等。

（1）施工定额

施工定额是完成一定计量单位的某一施工过程基本工序所消耗的人工、材料和施工机具台班数量标准。施工定额是施工企业组织生产和加强管理中企业内部使用的一种定额，属于企业定额的性质。施工定额是以某一施工过程或基本工序作为研究对象，表示生产产品数量与生产要素消耗综合关系的定额。为了适应组织生产和管理需要，施工定额的项目划分很细，是工程定额中最细、定额子目最多的一种定额，也是工程定额中的基础性定额。

（2）预算定额

预算定额是在正常的施工条件下，完成一定计量单位合格分项工程或结构构件所消耗的人工、材料和施工机具台班数量及其费用标准。预算定额是一种计价性定额。从编制程序上看，预算定额是以施工定额为基础综合扩大编制的，同时它也是编制概算定额的基础。

（3）概算定额

概算定额是完成单位合格扩大分项工程或扩大结构构件所需消耗的人工、材料和施工机具台班数量及其费用标准，是一种计价性定额。概算定额是编制扩大初步设计概算、确定建设项目投资的依据。概算定额的项目划分粗细，与扩大初步设计的深度相适应，一般是在预算定额的基础上综合扩大而成的，每一扩大分项概算定额都包含了数项预算定额。

（4）概算指标

概算指标是以单位工程为对象，反映完成一个规定计量单位建筑安装产品的经济指标。

概算指标是概算定额的扩大与合并，以更为扩大的计量单位来编制的。概算指标的内容包括人工、材料和施工机具台班三个基本部分，同时还列出了部分工程量及单位工程的造价，是一种计价定额。

（5）投资估算指标

投资估算指标是以建设项目、单项工程、单位工程为对象，反映建设项目总投资及其各项费用构成的经济指标。它是指建设项目建议书和可行性研究阶段编制投资估算、计算投资需要量时使用的一种定额。它的概略程度与可行性研究阶段相适应。投资估算指标往往根据历史的预、决算资料和价格变动资料等编制，但其编制基础仍然离不开预算定额、概算定额。

上述各种定额的相互联系可参见表3-1。

表3-1　各种定额间的关系

名称	施工定额	预算定额	概算定额	概算指标	投资估算指标
基本对象	施工过程或基本工序	分项工程或结构构件	扩大的分项工程或扩大的结构构件	单位工程	建设项目、单项工程、单位工程
用途	编制施工预算	编制施工图预算	编制扩大初步设计概算	编制初步设计概算	编制投资估算
项目划分	最细	细	较粗	粗	很粗
定额水平	平均先进	平均			
定额性质	生产性定额	计价性定额			

3. 按专业对象分类

由于工程建设涉及众多专业，不同的专业所含的内容也不相同，因此就确定人工、材料和施工机具台班消耗量标准的工程定额来说，也需按不同的专业分别进行编制和执行。

1）建筑工程定额按专业对象分为建筑及装饰工程定额、房屋修缮工程定额、市政工程定额、铁路工程定额、公路工程定额、矿山井巷工程定额等。

2）安装工程定额按专业对象分为电气设备安装工程定额、机械设备安装工程定额、热力设备安装工程定额、通信设备安装工程定额、化学工业设备安装工程定额、工业管道安装工程定额、工艺金属结构安装工程定额等。

4. 按主编单位和管理权限分类

按主编单位和管理权限分类，工程定额可以分为全国统一定额、行业统一定额、地区统一定额、企业定额、补充定额等。

企业定额是施工单位根据本企业的施工技术、机械装备和管理水平编制的人工、材料、机械台班等的消耗标准。企业定额在企业内部使用，是企业综合素质的标志。企业定额水平一般应高于国家现行定额，才能满足生产技术发展、企业管理和市场竞争的需要。在工程量清单计价方法下，企业定额是施工企业进行建设工程投标报价的计价依据。

二、工程定额的制定与修订

工程定额的制定与修订包括：制定、全面修订、局部修订、补充等工作，应遵循以下原则：

1）对新型工程以及建筑产业现代化、绿色建筑、建筑节能等工程建设新要求，应及时制定新定额；

2）对相关技术规程和技术规范已全面更新且不能满足工程计价需要的定额，发布实施已满 5 年的定额，应全面修订；

3）对相关技术规程和技术规范发生局部调整且不能满足工程计价需要的定额，部分子目已不适应工程计价需要的定额，应及时局部修订；

4）对定额发布后工程建设中出现的新技术、新工艺、新材料、新设备等情况，应根据工程建设需求及时编制补充定额。

真题演练

1.（单选）下列工程计价的标准和依据中，适用于项目建设前期各阶段对建设投资进行预测和估计的是（　　　）。

A. 工程量清单计价规范　　　　　　B. 工程定额

C. 工程量清单计量规范　　　　　　D. 工程承包合同文件

2.（单选）作为工程定额体系的重要组成部分，预算定额是（　　　）。

A. 完成一定计量单位的某一施工过程所需消耗的人工、材料和机械台班数量标准

B. 完成一定计量单位合格分项工程和结构构件所需消耗的人工、材料和机械台班数量及其费用标准

C. 完成单位合格扩大分项工程所需消耗的人工、材料和机械台班数量及其费用标准

D. 完成一个规定计量单位建筑安装产品的费用消耗标准

3.（单选）工程量清单计价模式下，企业定额是编制（　　　）的依据。

A. 招标控制价　　　B. 招标文件　　　　C. 投标报价　　　D. 清单工程量

4.（单选）关于预算定额性质与特点的说法，不正确的是（　　　）。

A. 一种计价性定额

B. 以分项工程为对象编制

C. 反映平均先进水平

D. 以施工定额为基础编制

5.（单选）关于工程计价依据，下列说法不正确的是（　　　）。

A. 法律法规是实施工程造价管理的制度依据和重要前提

B. 工程造价管理的标准体系、工程计价定额体系和工程计价信息体系被称为工程计价依据体系

C. 工程计价信息是指工程造价管理机构发布的建设工程人工、材料、工程设备、施工机具的价格信息，不包括各类工程的造价指数、指标

D. 工程计价定额是进行工程计价工作的重要基础和核心内容

6.（单选）以建筑物或构筑物各个分项工程和结构构件为对象编制的定额是（　　　）。

A. 施工定额　　　B. 预算定额　　　C. 概算定额　　　D. 概算指标

7.（单选）下面所列工程建设定额中，属于按定额编制程序和用途分类的是（　　　）。

A. 机具台班消耗定额　　　　　　　B. 行业统一定额

C. 投资估算指标　　　　　　　　　D. 补充定额

单元3 建筑安装工程人工、材料及
机械台班定额消耗量的确定

一、施工过程分解及工时研究

1. 施工过程及其分类和影响因素

（1）施工过程的含义

施工过程就是为了完成某一项施工任务，在施工现场所进行的生产过程。其最终目的是要建造、改造、修复或拆除工业及民用建筑物或构筑物的全部或一部分。

建筑安装施工过程与其他物质生产过程一样，也包括生产力三要素，即劳动者、劳动对象、劳动工具，也就是说，施工过程是由不同工种、不同技术等级的建筑安装工人使用各种劳动工具，按照一定的施工工序和操作方法，直接或间接地作用于各种劳动对象，使其按照人们预定的目的，生产出建筑、安装以及装饰合格产品的过程。

每个施工过程的结束，获得了一定的产品，这种产品或者是改变了劳动对象的外表形态、内部结构或性质（由于制作和加工的结果），或者是改变了劳动对象在空间的位置（由于运输和安装的结果）。

（2）施工过程分类

根据不同的标准和需要，施工过程分类见表3-2。

表3-2 施工过程分类

分类标准	具体分类
组织上的复杂程度	◆ 可以分为工序、工作过程、综合工作过程。 ◆ 工序是指施工过程中在组织上不可分割，在操作上属于同一类的作业环节，如钢筋制作，它由平直钢筋、钢筋除锈、切断钢筋、弯曲钢筋等工序组成。 ◆ 工作过程是由同一工人或同一小组所完成的在技术操作上相互有机联系的工序的总合体，例如，砌墙和勾缝，抹灰和粉刷等。 ◆ 综合工作过程是同时进行的，在组织上有直接联系的，为完成一个最终产品结合起来的各个施工过程的总和，例如，砌砖墙这一综合工作过程，由调制砂浆、运砂浆、运砖、砌墙等工作过程构成，它们在不同的空间同时进行，在组织上有直接联系，并最终形成的共同产品是一定数量的砖墙
按照工序是否重复循环	循环施工过程和非循环施工过程
按施工过程的完成方法和手段	手工操作、机械化过程、机手并动
按劳动者、劳动工具、劳动对象	工艺过程、搬运过程、检验过程

（3）施工过程的影响因素

对施工过程的影响因素进行研究，其目的是正确确定单位施工产品所需要的作业时间消耗。施工过程的影响因素包括技术因素、组织因素和自然因素。

1）技术因素包括产品的种类和质量要求，所用材料、半成品、构配件的类别、规格和性能，所用工具和机械设备的类别、型号、性能及完好情况等。

2）组织因素包括施工组织与施工方法、劳动组织、工人技术水平、操作方法和劳动态

度、工资分配方式、劳动竞赛等。

3）自然因素包括酷暑、大风、雨、雪、冰冻等。

2. 工作时间分类

研究施工中的工作时间最主要的目的是确定施工的时间定额和产量定额，其前提是对工作时间按其消耗性质进行分类，以便研究工时消耗的数量及其特点。

工作时间指的是工作班延续时间。例如，8 小时工作制的工作时间就是 8h，午休时间不包括在内。对工作时间消耗的研究，可以分为两个系统进行，即工人工作时间的消耗和工人所使用的机器工作时间消耗。

（1）工人工作时间消耗的分类

工人在工作班内消耗的工作时间，按其消耗的性质，基本可以分为两大类：必需消耗的时间和损失时间。工人工作时间分类图如图 3-3 所示，各时间的名词解释见表 3-3。

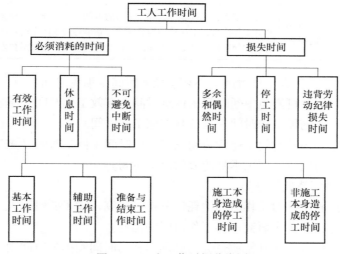

图 3-3　工人工作时间分类图

表 3-3　工人工作时间名词释义表

必须消耗的时间 [工人在正常施工条件下，完成一定合格产品所消耗的时间，是制定定额的主要依据（定额时间）]	有效工作时间（从生产效果来看与产品生产直接有关的时间消耗）	基本工作时间	工人完成能生产一定产品的施工工艺过程所消耗的时间。通过这些工艺过程可以使材料改变外形，如钢筋煨弯等；可以使预制构配件安装组合成型；也可以改变产品外部及表面的性质，如粉刷、油漆等。基本工作时间的长短和工作量大小成正比
		辅助工作时间	为保证基本工作顺利完成所消耗的时间，其长短与工作量大小有关，一般是手工的，如果机手并动，不再计算此项
		准备与结束工作时间	是执行任务前或任务完成后所消耗的工作时间。可分为班内的准备与结束工作时间、任务的准备与结束工作时间，其时间长短往往与工作内容有关。如：熟悉图纸、准备相应工具、事后清理现场
	不可避免中断时间		由于施工工艺特点引起的工作中断所必需的时间。与施工过程工艺特点有关的工作中断时间，应包括在定额时间内，但应尽量缩短此项时间消耗
	休息时间		工人在工作过程中为恢复体力所必需的短暂休息和生理需要的时间消耗。这种时间是为了保证工人精力充沛地进行工作，所以在定额时间中必须进行计算。休息时间的长短与劳动性质、劳动条件、劳动强度和劳动危险性等密切相关

（续）

损失时间（是与产品生产无关，而与施工组织和技术上的缺点有关，与工人在施工过程中的个人过失或某些偶然因素有关的时间消耗）	多余和偶然时间		多余工作，就是工人进行了任务以外而又不能增加产品数量的工作，如重砌质量不合格的墙体。多余工作的工时损失，一般都是由于工程技术人员和工人的差错而引起的，因此，不应计入定额时间中
			偶然工作也是工人在任务外进行的工作，但能够获得一定产品，如抹灰工不得不补上偶然遗留的墙洞等。由于偶然工作能获得一定产品，拟定定额时要适当考虑它的影响
	停工时间（工作班内停止工作造成的时间损失）	施工本身造成的停工时间	是由于施工组织不善、材料供应不及时、工作面准备工作做得不好、工作地点组织不良等情况引起的停工时间。在拟定定额时不应该计算
		非施工本身造成的停工时间	是由于停电等外因引起的停工时间。定额中则应给予合理的考虑
	违背劳动纪律造成的工作时间损失		是指工人在工作班开始和午休后的迟到、午饭前和工作班结束前的早退、擅自离开工作岗位、工作时间内聊天或办私事等造成的工时损失。由于个别工人违背劳动纪律而影响其他工人无法工作的时间损失，也包括在内

工人工作时间 = 必须消耗的时间 + 损失时间

必须消耗的时间 = 不可避免中断时间 + 休息时间 + 有效工作时间（基本工作时间 + 辅助工作时间 + 准备与结束工作时间）

损失时间 = 多余和偶然时间 + 违背劳动纪律损失时间 + 停工时间（施工本身造成的停工时间 + 非施工本身造成的停工时间）

（2）机器工作时间消耗的分类

在机械化施工过程中，对工作时间消耗的分析和研究，除了要对工人工作时间的消耗进行分类研究之外，还需要分类研究机器工作时间的消耗。

机器工作时间的消耗，按其性质也分为必须消耗的时间和损失时间两大类。机器工作时间分类如图3-4所示，各时间的名词解释见表3-4。

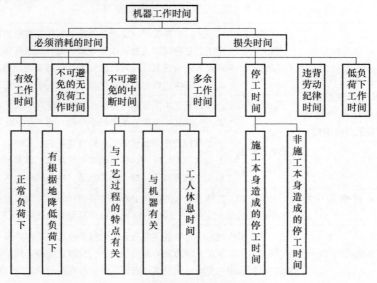

图3-4　机器工作时间分类

表 3-4　机器工作时间名词释义表

必须消耗的时间（定额时间）	有效工作时间（从生产效果来看与产品生产直接有关的时间消耗）	正常负荷下	是机器说明书规定的额定负荷相符的情况下进行工作的时间
		有根据地降低负荷下	是在个别情况下由于技术上的原因，机器在低于其计算负荷下工作的时间。例如，汽车运输重量轻而体积大的货物时，不能充利用汽车的载重吨位因而不得不降低其计算负荷
	不可避免无负荷工作时间		是由施工过程的特点和机械结构的特点造成的机械无负荷工作时间。例如，筑路机在工作区末端调头等
	不可避免的中断时间	与工艺过程的特点有关	有循环和定期两种： 循环：汽车装货和卸货时的停车； 定期：灰浆泵由一个工作地点转移到另一个工作地点
		与机器有关	机器的使用和保养：由于工人进行准备与结束工作或辅助工作时，机器停止工作而引起的中断时间，与机器的使用与保养有关
		工人休息时间	应尽量利用与工艺过程有关和与机器有关的不可避免中断时间休息，充分利用工作时间
损失时间	多余工作时间（机器进行任务内和工艺过程内未包括的工作而延续的时间）		工人没有及时供料而使机器空转； 机械在负荷下的多余工作，如超时搅拌混凝土
	低负荷下工作时间（工人或技术人员的过错所造成）		工人装车的砂石数量不足引起的汽车降低负荷，此时间不能作为计算时间定额的基础
	停工时间（工作班内停止工作造成的时间损失）	施工本身造成的停工时间	施工组织得不好而引起的，未及时供给机器燃料而引起的停工
		非施工本身造成的停工时间	由于气候条件所引起的，暴雨时压路机停工
	违背劳动纪律造成的时间损失		工人迟到或擅离岗位等原因引起的

必须消耗的时间 = 不可避免的无负荷工作时间 + 有效工作时间（正常负荷下和有根据的降低负荷下）+ 不可避免的中断时间（与工艺规程的特点有关、与机器有关和工人休息时间）

损失时间 = 停工时间（施工本身造成的停工时间和非施工本身造成的停工时间）+ 多余工作时间 + 违背劳动纪律时间 + 低负荷下工作时间

二、确定人工定额消耗量的基本方法

时间定额和产量定额是人工定额的两种表现形式。拟定出时间定额，也就可以计算出产量定额。

1. 确定工序作业时间

工序作业时间由基本工作时间和辅助工作时间组成。

1）基本工作时间消耗一般应根据计时观察资料来确定。其做法是，首先确定工作过程每一组成部分的工时消耗，然后再综合出工作过程的工时消耗。如果组成部分的产品计量单位和工作过程的产品计量单位不符，就需先求出不同计量单位的换算系数，进行产品计量单位的换算，然后再相加，求得工作过程的工时消耗。

2）辅助工作时间可以直接利用工时规范中规定的辅助工作时间的百分比来计算。

2. 确定规范时间

规范时间内容包括工序作业时间以外的准备与结束时间、不可避免中断时间以及休息时间。规范时间可以通过计时观察资料的整理分析获得，也可以根据经验数据或工时规范来确定。

3. 拟订定额时间

确定的基本工作时间、辅助工作时间、准备与结束工作时间、不可避免的中断时间与休息时间之和，就是劳动定额的时间定额。根据时间定额也可以算出产量定额。

$$工序作业时间 = 基本工作时间 + 辅助工作时间$$
$$= 基本工作时间/(1 - 辅助工作时间 \times 100\%)$$
$$规范时间 = 准备与结束工作时间 + 不可避免的中断时间 + 休息时间$$
$$定额时间 = 工序作业时间/(1 - 规范时间 \times 100\%)$$

【例3-1】 已知某人工抹灰 $10m^2$ 的基本工作时间为 4 小时，辅助工作时间占工序作业时间的5%，准备与结束工作时间、不可避免的中断时间、休息时间占工作日的6%、11%、3%。则该人工抹灰的时间定额为多少工日/100m²？

解：本题考查的是确定人工定额消耗量的基本方法。

基本工作时间 = 4 小时 = 4/8 = 0.5 （工日）

工序作业时间 = 0.5/(1 - 5%) = 0.526 （工日）

$100m^2$ 所需的时间定额 = 0.526/(1 - 6% - 11% - 3%) × 10 = 6.58 （工日）

三、确定材料定额消耗量的基本方法

施工定额材料
消耗数量
的确定

1. 材料的分类

根据材料消耗的性质划分：必须消耗的材料、损失的材料。

根据材料消耗与工程实体的关系划分：实体材料（直接性材料和辅助材料）、非实体材料。

1）直接性材料：钢筋混凝土柱中的钢筋、水泥、砂等。

2）辅助性材料：施工过程中所必须，却并不构成建筑物或结构本体的材料。如土石方爆破工程中所需的炸药、引信、雷管等。主要材料用量大，辅助材料用量少。

3）非实体材料：主要指周转性材料，如模板、脚手架等。

2. 材料消耗量确定方法

确定材料消耗量的基本方法见表 3-5。

表 3-5　材料消耗量确定方法

分类	概念及适用范围
现场技术测定法	又称为观测法，是根据对材料消耗过程的测定与观察，完成产品数量和材料消耗量的计算。适用于确定材料损耗量，还可以区别可以避免的损耗与难以避免的损耗
实验室试验法	主要用于编制材料净用量定额。这种方法的优点是能更深入、更详细地研究各种因素对材料消耗的影响，其缺点在于无法估计到施工现场某些因素对材料消耗量的影响
现场统计法	是以施工现场积累的分部分项工程使用材料数量、完成产品数量、完成工作原材料的剩余数量等统计资料为基础，获得材料消耗的数据。比较简单易行，但也有缺陷：一是该方法一般只能确定材料总消耗量，不能确定净用量和损耗量；二是其准确程度受到统计资料和实际使用材料的影响。只能作为辅助性方法使用
理论计算法	是根据施工图和建筑构造要求，用理论计算公式计算出产品的材料净用量的方法。这种方法较适合于不易产生损耗，且容易确定废料的材料消耗量的计算

3. 材料的损耗

材料的损耗一般以损耗率表示，材料损耗率可以通过观察法或统计法确定。材料损耗率及材料损耗量的计算通常采用以下公式：

$$损耗率 = 损耗量/净用量 \times 100\%$$

$$总消耗量 = 净用量 + 损耗量 = 净用量 \times (1 + 损耗率)$$

注意：损耗量的计算基数是净用量。

4. 理论计算法

理论计算法是根据施工图和建筑构造要求，用理论计算公式计算出产品的材料净用量的方法。这种方法适合于不易产生损耗，且容易确定废料的材料消耗量的计算，比较常见的有标准砖、块料面层、防水卷材等按件论块计算的材料。

（1）标准砖用量的计算

如每 $1m^3$ 砖墙的用砖数和砌筑砂浆的用量可用下列理论计算公式计算各自的净用量。

用砖数：

$$A = \frac{1}{墙厚 \times (砖长灰缝) \times (砖厚 + 灰缝)} \times K$$

式中，$K =$ 墙厚的砖数 $\times 2$；

砂浆用量：

$$B = 1 - 砖数 \times 砖块体积$$

$$消耗量 = 净用量 + 损耗量 = 净用量 \times (1 + 损耗率)$$

【例 3-2】　计算 $1m^3$ 标准砖一砖外墙砌体砖数和砂浆的净用量。

解：砖净用量 $= \dfrac{1}{0.24 \times (0.24 + 0.01) \times (0.053 + 0.01)} \times 1 \times 2 = 529$（块）

砂浆净用量 $= 1 - 529 \times (0.24 \times 0.115 \times 0.053) = 0.226$（$m^3$）

（2）块料面层的材料用量计算

每 $100m^2$ 面层块料数量、灰缝及结合层材料用量公式如下：

$$100m^2 块料净用量 = \frac{100}{(块料长 + 灰缝宽) \times (块料宽 + 灰缝宽)}（块）$$

$100m^2$ 灰缝材料净用量 = [100 - (块料长 × 块料宽 × $100m^2$ 块料用量)] × 灰缝深

结合层材料用量 $100m^2$ × 结合层厚度

【例3-3】 用水泥砂浆砌筑 $2m^3$ 砖墙，标准砖（240mm×115mm×53mm）的总耗用量为1113块。已知砖的损耗率为5%，则标准砖、砂浆的净用量分别为多少？

解：本题考查的是确定材料定额消耗量的基本方法。

施工定额中机
械台班消耗
量的确定

标准砖的净用量 = 1113/(1 + 5%) = 1060（块）

砂浆的净用量 = 2 - 1060 × 0.24 × 0.115 × 0.053 = 0.449（m^3）

【例3-4】 已知砌筑 $1m^3$ 砖墙中砖净量和损耗分别为529块、6块，百块砖体积按 $0.146m^3$ 计算，砂浆损耗率为10%。则砌筑 $1m^3$ 砖墙的砂浆用量为多少 m^3？

解：本题考查的是确定材料定额消耗量的基本方法。

砂浆净用量 = 1 - 529 × 0.146 ÷ 100 = 0.228（m^3）

砂浆消耗量 = 0.228 × (1 + 10%) = 0.250（m^3）

四、确定机械台班定额消耗量的基本方法

施工机械台班产量定额 = 机械1h纯工作正常生产率 × 工作班工作时间

或 施工机械台班产量定额 = 机械1h纯工作正常生产率 × 工作班延续时间 × 机械正常利用系数

计算思路：一次循环时间→1小时次数→1小时产量→×8×时间利用系数

【例3-5】 某工程现场采用出料容量500L的混凝土搅拌机，每一次循环中，装料、搅拌、卸料、中断需要的时间分别为1min、3min、1min、1min，机械时间利用系数为0.9，求该机械的台班产量定额。提示：时间单位都转换为小时"h"。

解：该搅拌机一次循环的正常延续时间 = 1 + 3 + 1 + 1 = 6分钟 = 0.1h

该搅拌机纯工作1h循环次数 = 10（次）

该搅拌机纯工作1h正常生产率 = 10 × 500 = 5000L = 5（m^3）

该搅拌机台班产量定额 = 5 × 8 × 0.9 = 36（m^3/台班）

真题演练

1. （单选）某混凝土输送泵每小时纯工作状态可输送混凝土 $25m^3$，泵的时间利用系数为0.75，则该混凝土输送泵的产量定额为（ ）。

A. $150m^3$/台班　　　　　　　　　　B. 0.67 台班/$100m^3$

C. $200m^3$/台班　　　　　　　　　　D. 0.50 台班/$100m^3$

2. （单选）确定施工机械台班定额消耗量前需计算机械时间利用系数，其计算公式正确的是（ ）。

A. 机械时间利用系数 = 机械纯工作1h正常生产率 × 工作班纯工作时间

B. 机械时间利用系数 = 1/机械台班产量定额

C. 机械时间利用系数 = 机械在一个工作班内纯工作时间/一个工作班延续时间（8h）

D. 机械时间利用系数＝一个工作班延续时间（8h)/机械在一个工作班内纯工作时间

3.（单选）某出料容量 750L 的砂浆搅拌机，每一次循环工作中，运料、装料、搅拌、卸料、中断需要的时间分别为 150s、40s、250s、50s、40s，运料和其他时间的交叠时间为 50s，机械利用系数为 0.8。该机械的台班产量定额为（　　　）m^3/台班。

A. 29.79　　　　B. 32.60　　　　C. 36.00　　　　D. 39.27

4.（单选）关于材料消耗的性质及确定材料消耗量的基本方法，下列说法正确的是（　　　）。

A. 理论计算法适用于确定材料净用量

B. 必须消耗的材料量是指材料的净用量

C. 土石方爆破工程所需的炸药、雷管、引信属于非实体材料

D. 现场统计法主要适用于确定材料损耗量

5.（多选）下列定额测定方法中，主要用于测定材料净用量的有（　　　）。

A. 现场技术测定法　　　　　　　B. 实验室试验法

C. 现场统计法　　　　　　　　　D. 理论计算法

E. 写实记录法

6.（单选）关于工序特征的描述，下列说法中正确的是（　　　）。

A. 劳动者不变，劳动工具、劳动对象可变

B. 劳动对象、劳动工具不变，劳动者可变

C. 劳动对象不变，劳动工具、劳动者可变

D. 劳动者、劳动对象、劳动工具均不变

7.（单选）下列因素中，影响施工过程的技术因素是（　　　）。

A. 工人技术水平　　　　　　　　B. 操作方法

C. 机械设备性能　　　　　　　　D. 劳动组织

8.（单选）下列工人工作时间消耗中，属于有效工作时间的是（　　　）。

A. 因混凝土养护引起的停工时间

B. 偶然停工（停水、停电）增加的时间

C. 产品质量不合格返工的工作时间

D. 准备施工工具花费的时间

9.（多选）下列工人工作时间中，属于有效工作时间的有（　　　）。

A. 基本工作时间　　　　　　　　B. 不可避免中断时间

C. 辅助工作时间　　　　　　　　D. 偶然工作时间

E. 准备与结束工作时间

10.（多选）下列工人工作时间中，属于有效工作时间的有（　　　）。

A. 基本工作时间　　　　　　　　B. 不可避免中断时间

C. 辅助工作时间　　　　　　　　D. 偶然工作时间

E. 准备与结束工作时间

11.（单选）若完成 $1m^3$ 墙体砌筑工作的基本工时为 0.5 工日，辅助工作时间占工序作业时间的 4%。准备与结束工作时间、不可避免的中断时间、休息时间分别占工作时间的 6%、3% 和 12%，该工程时间定额为（　　　）工日/m^3。

A. 0.581　　　　　　B. 0.608　　　　　　C. 0.629　　　　　　D. 0.659

12.（单选）据计时观测资料得知：1m³ 标准砖墙勾缝时间为 10min，辅助工作时间占工序作业时间的比例为 5%，准备结束时间、不可避免中断时间、休息时间占工作班时间的比例分别为 3%、2%、15%。则 1m³ 砌体标准砖厚砖墙勾缝的产量定额为（　　　）m³/工日。

A. 8.621　　　　　　B. 8.772　　　　　　C. 9.174　　　　　　D. 14.493

单元4　建筑安装工程人工、材料、施工机械台班单价的确定

一、人工日工资单价的组成、确定方法和影响因素

人工日工资单价是指施工企业平均技术熟练程度的生产工人在每工作日（国家法定工作时间内）按规定从事施工作业应得的日工资总额。

预算定额中人工、
材料、机械台班
单价的确定

1. 人工日工资单价组成内容

人工日工资单价由计时工资或计件工资、奖金、津贴补贴以及特殊情况下支付的工资组成。

1）计时工资或计件工资。按计时工资标准和工作时间或对已做工作按计件单价支付给个人的劳动报酬。

2）奖金。对超额劳动和增收节支支付给个人的劳动报酬，如节约奖、劳动竞赛奖等。

3）津贴补贴。为了补偿职工特殊或额外的劳动消耗和因其他原因支付给个人的津贴，以及为了保证职工工资水平不受物价影响支付给个人的物价补贴，如流动施工津贴、特殊地区施工津贴、高温（寒）作业临时津贴、高空津贴等。

4）特殊情况下支付的工资。根据国家法律、法规和政策规定，因病、工伤、产假、计划生育假、婚丧假、事假、探亲假、定期休假、停工学习、执行国家或社会义务等原因按计时工资标准或计件工资标准的一定比例支付的工资。

2. 人工日工资单价确定方法

1）年平均每月法定工作日。由于人工日工资单价是每一个法定工作日的工资总额，因此需要对年平均每月法定工作日进行计算。

2）人工日工资单价的计算。确定了年平均每月法定工作日后，将上述工资总额进行分摊，即形成了人工日工资单价。

3）人工日工资单价的管理。虽然施工企业投标报价时可以自主确定人工费，但由于人工日工资单价在我国具有一定的政策性，因此工程造价管理机构确定日工资单价应根据工程项目的技术要求，通过市场调查并参考实物的工程量人工单价综合分析确定，发布的最低日工资单价不得低于工程所在地人力资源和社会保障部门所发布的最低工资标准的：普工 1.3 倍、一般技工 2 倍、高级技工 3 倍。

3. 影响人工日工资单价的因素

影响人工日工资单价的因素有很多，归纳起来有以下几方面：

1）社会平均工资水平。建筑安装工人人工日工资单价必然和社会平均工资水平趋同。社会平均工资水平取决于经济发展水平。由于经济的增长，社会平均工资也会增长，从而影响人工日工资单价的提高。

2）生活消费指数。生活消费指数的提高会影响人工日工资单价的提高，以减少生活水平的下降，或维持原来的生活水平。生活消费指数的变动决定于物价的变动，尤其决定于生活消费品物价的变动。

3）人工日工资单价的组成内容。《关于印发《建筑安装工程费用项目组成》的通知》（建标〔2013〕44 号）将职工福利费和劳动保护费从人工日工资单价中删除，这也必然影响人工日工资单价的变化。

4）劳动力市场供需变化。劳动力市场如果需求大于供给，人工日工资单价就会提高；供给大于需求，市场竞争激烈，人工日工资单价就会下降。

5）政府推行的社会保障和福利政策也会影响人工日工资单价的变动。

二、材料单价的组成、确定方法和影响因素

在建筑工程中，材料费约占总造价的 60%～70%，在金属结构工程中所占比重还要大。因此，合理确定材料价格构成，正确计算材料单价，有利于合理确定和有效控制工程造价。材料单价是指建筑材料从其来源地运到施工工地仓库，直至出库形成的综合单价。

1. 材料单价的组成和确定方法

材料单价是指建筑材料从其来源地运到施工工地仓库，直至出库形成的综合单价。材料单价由材料原价（或供应价格）、材料运杂费、运输损耗费和采购及保管费合计而成。

（1）材料原价（或供应价格）

材料原价是指国内采购材料的出厂价格，国外采购材料抵达买方边境、港口或车站并交纳完各种手续费、税费（不含增值税）后形成的价格。在确定原价时，凡同一种材料因来源地、交货地、供货单位、生产厂家不同，而有几种价格（原价）时，根据不同来源地供货数量比例，采取加权平均的方法确定其综合原价。计算公式如下：

$$加权平均原价 = \sum (供应量 \times 原价) / 总量$$

当一般纳税人采用一般计税办法时，材料单价中材料原价、运杂费等均应扣除增值税进项税额。

若材料供货价格为含税价格，则材料原价应以购进货物适用的税率（13% 或 9%）或征收率（3%）扣除增值税进项税额。

$$不含税价格 \times (1 + 税率) = 含税价格$$
$$不含税价格 = 含税价格 / (1 + 税率)$$

（2）材料运杂费

材料运杂费是指国内采购材料自来源地、国外采购材料自到岸港运至工地仓库或指定堆放地点发生的费用（不含增值税）。含外埠中转运输过程中所发生的一切费用和过境过桥费用，包括调车和驳船费、装卸费、运输费及附加工作费等。

同一品种的材料有若干个来源地，应采用加权平均的方法计算材料运杂费。计算公式如下：

$$加权平均运杂费 = \sum (供应量 \times 运费) / 总量$$

若运输费用为含税价格，则需要按"两票制"和"一票制"两种支付方式分别调整。

1) "两票制"支付方式。所谓"两票制"材料,是指材料供应商就收取的货物销售价款和运杂费向建筑业企业分别提供货物销售和交通运输两张发票的材料。在这种方式下,运杂费以接受交通运输与服务适用税率9%扣减增值税进项税额。

2) "一票制"支付方式。所谓"一票制"材料,是指材料供应商就收取的货物销售价款和运杂费合计金额向建筑业企业仅提供一张货物销售发票的材料。在这种方式下,运杂费采用与材料原价相同的方式扣减增值税进项税额。

(3) 运输损耗费

在材料的运输中应考虑一定的场外运输损耗费用。这是指材料在运输装卸过程中不可避免的损耗。运输损耗的计算公式是:

$$运输损耗 = (材料原价 + 运杂费) \times 运输损耗率(\%)$$

(4) 采购及保管费

采购及保管费是指为组织采购、供应和保管材料过程中所需要的各项费用,包含:采购费、仓储费、工地保管费和仓储损耗。

采购及保管费一般按照材料到库价格以费率取定。

材料采购及保管费计算公式如下:

$$采购及保管费 = 材料运到工地仓库价格 \times 采购及保管费率(\%)$$

或　　　$$采购及保管费 = (材料原价 + 运杂费 + 运输损耗费) \times 采购及保管费率(\%)$$

综上所述,材料单价的一般计算公式为:

$$材料单价 = [(供应价格 + 运杂费) \times (1 + 运输损耗率(\%))] \times (1 + 采购及保管费率(\%))$$

由于我国幅员广阔,建筑材料产地与使用地点的距离各地差异很大,采购、保管、运输方式也不尽相同,因此材料单价原则上按地区范围编制。

【例3-6】 某建设项目水泥(适用13%增值税率)从两个地方采购,其采购量及有关费用见下表,求该工地水泥的单价(表中原价、运杂费均为含税价格,且材料采用"两票制"支付方式)。

采购处	采购量/t	原价(元/t)	运杂费(元/t)	运输损耗率(%)	采购及保管费费率(%)
来源一	300	340	20	0.5	3.5
来源二	200	350	15	0.4	

采购处	采购量/t	原价(元/t)	运杂费(元/t)	运输损耗率(%)	采购及保管费费率(%)
来源一	300	340/1.13 = 300.88	20/1.09 = 18.35	0.5	3.5
来源二	200	350/1.13 = 309.73	15/1.09 = 13.76	0.4	

加权平均原价 $= (300 \times 300.88 + 200 \times 309.73) \div (300 + 200) = 304.42(元/t)$

加权平均运杂费 $= (300 \times 18.35 + 200 \times 13.76) \div (300 + 200) = 16.51(元/t)$

来源一的运输损耗费 $= (300.88 + 18.35) \times 0.5\% = 1.60(元/t)$

来源二的运输损耗费 $= (309.73 + 13.76) \times 0.4\% = 1.29(元/t)$

加权平均运输损耗费 $= (300 \times 1.60 + 200 \times 1.29) \div (300 + 200) = 1.48(元/t)$

材料单价 $= (304.42 + 16.51 + 1.48) \times (1 + 3.5\%) = 333.69(元/t)$

2. 影响材料单价变动的因素

1）市场供需变化。材料原价是材料单价中最基本的组成。市场供大于求价格就会下降；反之，价格就会上升。从而也就会影响材料单价的涨落。

2）材料生产成本的变动直接影响材料单价的波动。

3）流通环节的多少和材料供应体制也会影响材料单价。

4）运输距离和运输方法的改变会影响材料运输费用的增减，从而也会影响材料单价。

5）国际市场行情会对进口材料单价产生影响。

 知识园地

墙　衣

墙衣于20世纪70年代诞生于日本、德国等国家。随着人们环保意识的不断增强，近年来，在欧美各国用墙衣装修居室十分风靡，墙衣大有取代传统内墙装饰材料之势，成为十分流行的既健康环保又独具特色的室内装修材料。墙衣被誉为是继涂料、墙纸等传统内墙装饰材料之后出现的第三类新型内墙装饰材料，是21世纪的首选环保绿色内墙装修材料。

产品优点

（1）无有害挥发性化学成分，环保性能优越。木质纤维和天然纤维的选择加科学工艺的制作方式，除去有害化学物质，充分保证人体健康安全。

（2）不开裂、不脱落。纤维组织具有伸缩性、透气性功能，使其同墙面浑然一体。

（3）个性色彩、立体浮雕任意选。一改传统涂料平面效果，浮雕纹理质感，柔软亲和。

（4）便捷施工无污染。施工方法简便、一次成型，无需墙面打磨，有效避免扬尘、噪音和遗洒。

（5）修补简易。对于污损的墙衣湿透铲掉，用新料在铲掉部分涂一遍，即可与原墙衣结为一体，无衔接缝隙，无修补痕迹。

（6）更新便捷。只要原墙面干净、平整、底面为白色，具有良好的防水性，便可直接进行墙衣的施工，而不需要任何特别处理即可更新装饰。

（7）植物特性呼吸，调节室内湿度和温度。纤维组织特有的通透性，使墙衣具备呼吸功能，适时平衡吸收空气中的水分，自动调节湿度，阴冷不结露。

（8）自然有效吸音。干结后的墙衣，凸凹不平浮雕立体表面，利于声音漫射，弱化声音的墙外穿透力，限制声音反射，无回音，为人们提供了一个更加宁静的生活和工作空间。

适用范围

墙衣广泛适用于各级酒店、时尚KTV、高级会所、办公场所、私人别墅、城镇住宅、旧房翻新、新房装修，充分满足了现代人对绿色家居和个性化生活的追求。墙衣是家居美化的升级，绿色环保、温馨时尚、展现个性的壁面装饰成为人们选择居住的新标准。

三、施工机械台班单价的组成和确定方法

施工机械使用费是根据施工中耗用的机械台班数量和机械台班单价确定的。施工机械台班耗用量按有关定额规定计算。施工机械台班单价是指一台施工机械，在正常运转条件下一

个工作班中所发生的全部费用，每台班按8小时工作制计算。

根据《建设工程施工机械台班费用编制规则》的规定，施工机械划分为12个类别：土石方及筑路机械、桩工机械、起重机械、水平运输机械、垂直运输机械、混凝土及砂浆机械、加工机械、泵类机械、焊接机械、动力机械、地下工程机械和其他机械。

如图3-5所示摘录自《重庆市建设工程机械台班定额》（CQJXDE—2018），施工机械台班单价由7项费用组成，包括折旧费、检修费、维护费、安拆费及场外运费、人工费、燃料动力费和其他费用。

1. 折旧费的组成和计算

折旧费是指施工机械在规定的耐用总台班内，陆续收回其原值的费用。计算公式如下：

$$台班折旧费 = 机械预算价格 \times (1 - 残值率) \div 耐用总台班$$

其中，机械预算价格：

1）国产施工机械预算价格：按机械原值、相关手续费和一次运杂费以及车辆购置税（前三项合计×税率）之和计算。

2）进口施工机械预算价格：按到岸价、关税、消费税、相关手续费和国内一次运杂费、银行财务费、车辆购置税之和计算。

2. 检修费

检修费是指施工机械在规定的耐用总台班内，按规定的检修间隔进行必要的检修，以恢复其正常功能所需的费用。

3. 维护费的组成和计算

维护费是指施工机械在规定的耐用总台班内，按规定的维护间隔进行各级维护和临时故障排除所需的费用，保障机械正常运转所需替换与随机配备工具附具的摊销和维护费用、机械运转及日常保养维护所需润滑与擦拭的材料费用及机械停滞期间的维护费用等。计算公式如下：

$$台班维护费 = 台班检修费 \times K(维护费系数)$$

4. 安拆费及场外运费的组成和计算

安拆费及场外运费根据施工机械不同分为计入台班单价、单独计算和不需计算三种类型。

1）计入台班单价：安拆简单、移动需要起重及运输机械的轻型施工机械。

一次安拆包括人、材、机、安全监测部门的检测费及试运转费。

一次场外运费包括运输、装卸、辅材和回程等费用。

2）单独计算：

① 安拆复杂、移动需要起重及运输机械的重型施工机械，其安拆费及场外运费单独计算；

② 利用辅助设施移动的施工机械，其辅助设施（包括轨道和枕木）等的折旧、搭设和拆除等费用可单独计算。

3）不计算：

① 不需安拆的施工机械，不计算一次安拆费；

② 不需相关机械辅助运输的自行移动机械，不计算场外运费；

③ 固定在车间的施工机械，不计算安拆费及场外运费。

编码	机械名称	性能规格 功率(kW)	机型	台班单价 元	费用组成							人工及燃料动力用量					
					折旧费 元	检修费 元	维护费 元	安拆费及场外运费 元	人工费 元	燃料动力费 元	其他费用 元	机上人工 工日 120.00	汽油 kg 6.75	柴油 kg 5.64	电 kW·h 0.70	煤 kg 0.34	水 m² 4.42
990101005	履带式推土机	50	中	568.45	25.84	11.62	30.21	—	300.00	200.78		2.50		35.60			
990101010		60	中	620.81	29.26	13.15	34.19	—	300.00	244.21		2.50		43.30			
990101015		75	大	818.62	80.22	33.26	86.48	—	300.00	318.66		2.50		56.50			
990101020		90	大	897.63	106.23	44.05	114.53	—	300.00	332.82		2.50		59.01			
990101025		105	大	945.95	121.56	50.41	131.07	—	300.00	342.91		2.50		60.80			
990101030		120	大	1051.32	155.00	64.28	167.13	—	300.00	364.91		2.50		64.70			
990101035		135	大	1105.36	171.93	71.30	185.38	—	300.00	376.75		2.50		66.80			
990101040		165	大	1370.05	240.33	99.66	259.12	—	300.00	470.94		2.50		83.50			
990101045		240	大	1721.73	327.56	135.85	273.06	—	300.00	685.26		2.50		121.50			
990101050		320	大	2096.05	404.40	167.71	310.26	—	300.00	913.68		2.50		162.00			
990102010	湿地推土机	105	大	945.78	137.14	47.90	117.83	—	300.00	342.91		2.50		60.80			
990102020		135	大	1160.04	218.84	76.43	188.02	—	300.00	376.75		2.50		66.80			
990102030		165	大	1371.41	271.91	94.96	233.60	—	300.00	470.94		2.50		83.50			

图3-5　施工机械台班单价组成图

自升式塔式起重机、施工电梯安拆费的超高起点及其增加费，各地区、部门可根据具体情况确定。

5. 人工费的组成和计算

人工费的计算公式如下：

$$台班人工费 = 人工消耗量 \times \left(1 + \frac{年制度工作日 - 年工作台班}{年工作台班}\right) \times 人工日工资单价$$

【例3-7】 某载重汽车配司机 1 人，当年制度工作日为 250 天，年工作台班为 230 台班，人工日工资单价为 50 元。求该载重汽车的台班人工费为多少？

解：台班人工费 $= 1 \times [1 + (250 - 230)/230] \times 50 = 54.35($元/台班$)$

6. 燃料动力费的组成和计算

燃料动力费是指施工机械在运转作业中所耗用的燃料及水、电等费用。计算公式如下：

$$台班燃料动力费 = \sum(燃料动力消耗量 \times 燃料动力单价)$$

燃料动力单价应执行编制期工程造价管理机构发布的不含税信息价格。

7. 其他费用的组成和计算

其他费用是指施工机械按照国家规定应缴纳的车船税、保险费及检测费等。

四、施工仪器仪表台班单价的组成

施工仪器仪表台班单价由四项费用组成，包括折旧费、维护费、校验费、动力费等。施工仪器仪表台班单价中的费用组成不包括检测软件的相关费用。

注意：基于施工仪器仪表的特点，台班单价的各项组成中通常都不需考虑除税系数。

真题演练

1. （单选）关于施工机械台班单价的确定，下列表达式正确的是（   ）。

A. 台班折旧费 = 机械原值 × (1 - 残值率)/耐用总台班

B. 耐用总台班 = 检修间隔台班 × (检修次数 + 1)

C. 台班检修费 = 一次检修费 × 检修次数/耐用总台班

D. 台班维护费 = $\sum$(各级维护一次费用 × 各级维护次数)/耐用总台班

2. （单选）某挖掘机配司机 1 人，若年制度工作日为 245 天，年工作台班为 220 台班，人工工日单价为 80 元，则该挖掘机的人工费为（   ）元/台班。

A. 71.8   B. 80.0   C. 89.1   D. 132.7

3. （单选）已知某施工机械寿命期内检修周期为 10，一次检修费为 10000 元，自行检修比例为 60%，修理修配劳务适用 13% 的增值税税率。耐用总台班为 5000 台班，台班维护费系数为 1.2，则台班维护费为（   ）元/台班。

A. 21.61   B. 20.35   C. 18.46   D. 19.72

4. （多选）施工仪器仪表台班单价的组成包括（   ）。

A. 折旧费   B. 安拆费及场外运费

C. 检修费   D. 校验费

E. 维护费

5.（单选）某材料原价为 300 元/t，运杂费及运输损耗费合计为 50 元/t，采购及保管费费率 3%，则该材料预算单价为（ ）元/t。

A. 350.0   B. 359.0   C. 360.5   D. 360.8

6.（多选）关于材料单价的构成和计算，下列说法中正确的有（ ）。

A. 材料单价指材料由其来源地运达工地仓库的入库价

B. 运输损耗指材料在场外运输装卸及施工现场搬运发生的不可避免损耗

C. 采购及保管费包括组织材料采购、供应过程中发生的费用

D. 材料单价中包括材料仓储费和工地保管费

E. 材料生产成本的变动直接影响材料单价的波动

7.（多选）根据现行建筑安装工程费用项目组成规定，下列费用项目已包括在人工日工资单价内的有（ ）。

A. 节约奖   B. 流动施工津贴

C. 高温作业临时津贴   D. 劳动保护费

E. 探亲假期间工资

8.（单选）根据国家相关法律、法规和政策规定，因停工学习、执行国家或社会义务等原因，按计时工资标准支付的工资属于人工日工资单价中的（ ）。

A. 基本工资   B. 奖金

C. 津贴补贴   D. 特殊情况下支付的工资

单元 5　工程计价信息及其应用

一、工程计价信息的概念和特点

1. 工程计价信息的概念

从广义上说，所有对工程造价的计价过程起作用的资料都可以成为工程计价信息。工程计价信息是一切有关工程计价的特征、状态及其变动的消息的组合。在工程发承包市场和工程建设过程中，工程造价是最灵敏的调节器和指示器，无论是政府工程造价主管部门还是工程发承包双方，都要通过接收工程计价信息来了解工程建设市场动态，预测工程造价发展，决定政府的工程造价政策和工程发承包价。

2. 工程计价信息的特点

1）区域性。建筑材料重量大、体积大、产地远离消费地，运输量大费用高。建筑材料客观上尽可能就近使用，其信息的交换和流通往往限制在一定地域内。

2）多样性。建设工程多样性特点，信息资料需满足不同项目的需求，导致信息内容和形式多样性。

3）专业性。工程计价信息的专业性集中反映在建设工程的专业化上，例如，水利、电力、铁道、公路等工程，所需的信息有它的专业特殊性。

4）系统性。工程计价信息源发出的信息不是孤立、紊乱的，而是大量的、系统的。

5）动态性。工程计价信息需要不断更新，真实反映工程造价的动态变化。

6）季节性。施工内容安排考虑到季节因素影响，计价信息也应考虑季节性的影响。

二、工程计价信息的主要内容

工程计价信息体系具体包括：建设工程造价指数，建设工程人工、设备、材料、施工机械价格要素价格信息，综合指标信息等。工程计价信息体系的分类如图3-6所示。

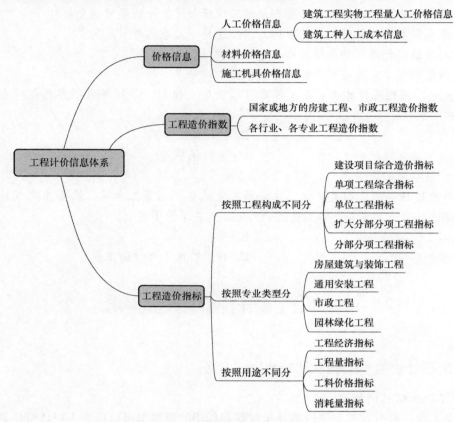

图3-6　工程计价信息体系的分类

1. 价格信息

价格信息包括各种建筑材料、装修材料、安装材料、人工工资、施工机具等的最新市场价格。这些信息是比较初级的，一般没有经过系统的加工处理，也可以称其为数据。

1）人工价格信息又分为两类：建筑工程实物工程量人工价格信息和建筑工种人工成本信息，其表现形式见表3-6。

表3-6　2019年第四季度××市建设工程人工信息价　　　　　（单位：元）

序号	工种	月工资	日工资
1	建筑综合工	3750	125
2	装饰综合工	4050	135
3	机械综合工	3900	130
4	土石方综合工	3330	111

（续）

序号	工种	月工资	日工资
5	钢筋综合工	3900	130
6	混凝土综合工	3750	125
7	砌筑综合工	3720	124
8	防水综合工	3750	125

2）在材料价格信息的发布中，应披露材料类别、规格、单价、供货地区、供货单位以及发布日期等信息，其表现形式见表3-7。

表 3-7　2020 年 2 月××市建筑工程材料价格

序号	材料名称	规格型号	单位	含税价/元	不含税价/元	备注
1	釉面砖	300×300	片	6.30	5.58	
2	釉面砖	300×450	片	10.00	8.85	
3	釉面砖	300×600	片	21.00	18.58	
4	抛光砖	300×300/300×600	片	7.00/13.10	6.19/11.59	
5	抛光砖	500×500/600×600	片	13.20/22.00	11.68/19.47	
6	抛光砖	800×800/1000×1000	片	70.00/170.00	61.95/150.44	
7	玻化砖	600×600/800×800	片	48.00/90.00	42.48/79.65	
8	玻化砖	1000×1000/1200×600	片	185.00/190.00	163.72/168.14	
9	仿古砖	300×300/600×600	片	14.00/39.00	12.39/34.51	
10	仿古砖	300×600/800×800	片	17.50/90.00	15.49/79.65	

3）施工机具价格信息，主要内容为施工机械价格信息，又分为设备市场价格信息和设备租赁市场价格信息两部分。相对而言，后者对于工程计价更为重要。其表现形式见表3-8。

表 3-8　2020 年 2 月××市施工机具租赁信息价

序号	机械名称	规格型号	单位	含税价	不含税价
1	搅拌机	350型	台/月	1700.00	1504.42
2	装载机	50型-85型	台/月	16000.00	14159.29
3	推土机	140型	台/月	16000.00	14159.29
4	压路机	14吨/16吨	台/月	11500.00/13500.00	10176.99/11946.90
5	挖掘机	320型/350型	台/月	30000.00/42000.00	26548.67/37168.14
6	施工升降机	Sc200/200	台/月	15800.00	13982.30
7	高空作业吊篮	电动	台/天	38.00	33.63
8	塔式起重机	QTZ250	台/天	2150.00	1902.65

注：施工机具租赁信息价格为施工机具作业所发生的含税或不含税的机具使用费，不包括动力和操作人员费用。

2. 工程造价指数

工程造价指数主要指反映一定时期价格变化对工程造价影响程度的指数，包括各种单项价格指数、设备工器具价格指数、建安工程造价指数、建设项目或单项工程造价指数。

（1）工程造价指数的概念及其编制的意义

工程造价指数是一定时期的建设工程造价相对于某一固定时期工程造价的比值，以某一设定值为参照得出的同比例数值。以合理方法编制的工程造价指数，不仅能够较好地反映工程造价的变动趋势和变化幅度，而且可用以剔除价格水平变化对造价的影响，正确反映建筑市场的供求关系和生产力发展水平。工程造价指数是工程发承包双方进行工程估价和结算的重要依据。可以利用工程造价指数分析价格变动趋势及其原因。可以利用工程造价指数预计宏观经济变化对工程造价的影响。

（2）工程造价指数的分类及其编制

1）工料机市场价格指数，这其中包括了反映各类工程的人工费、材料费、施工机具使用费报告期价格对基期价格的变化程度的指标。可利用它研究主要单项价格变化的情况及其发展变化的趋势，其计算过程可以直接用报告期价格与基期价格之比。

2）单项工程造价指数，主要是指按照不同专业类型划分的各类单项工程造价指数，其分类与单项工程造价指标的分类类似。通过报告期与基期相应的工程造价指标的比值计算。

3）建设工程造价综合指数，通常按照地区进行编制，即将不同专业的单项工程造价指数进行加权汇总后，反映出该地区某一时期内工程造价的综合变动情况。将不同专业类型的单项工程造价指数以投资额为权重加权汇总后编制完成。

（3）工程造价指数表现形式

工程造价指数表现形式见表3-9。

表3-9　2019年四季度××市主要建筑材料价格指数

指数代号	材料名称	2018定额基期指数	一季度	二季度	三季度	四季度
SB	钢筋	100	123.61	130.61	123.48	122.45
SS	型钢	100	126.97	131.07	129.85	125.76
TI	木材	100	108.66	109.64	105.83	111.55
CE	水泥	100	145.99	145.12	142.28	146.54
CO	商品混凝土	100	175.43	183.32	183.93	183.93
BI	沥青	100	129.51	139.80	137.32	127.23
DE	柴油	100	115.80	123.76	118.09	118.97
SA	特细砂	100	261.53	384.60	430.75	430.74
MA	碎石	100	164.29	171.43	200.00	197.62

3. 工程造价指标

工程造价指标，是根据已完或在建工程的各种造价信息，经过统一格式及标准化处理后的造价数值，见表3-10。

表3-10　××市2019年四季度建筑工程单方造价指标　　（单位：元/m²）

序号	工程类型	单方造价
1	高层住宅	1450~1610
2	超高层住宅	1650~1920
3	洋房	1730~1920
4	叠拼别墅	2030~2250
5	独栋别墅	2360~2610
6	综合楼	2750~3040
7	教学楼	1620~1790
8	厂房	1530~1790

真题演练

1. （单选）下列工程造价信息中，最能体现市场机制下信息动态性变化特征的是（　　）。

A. 工程价格信息　　　　　　　　　　B. 政策性文件

C. 计价标准和规范　　　　　　　　　D. 工程定额

2. （单选）某建设项目包含三个同类单项工程，各单项工程造价指标及总投资额见下表，该建设工程造价综合指数是（　　）。

A. 116.52　　　　　B. 115.00　　　　　C. 118.00　　　　　D. 118.52

3. （单选）最能体现信息动态性变化特征，并且在工程价格的市场机制中起重要作用的工程计价信息主要包括（　　）。

A. 工程造价指数、在建工程信息和已完工程信息

B. 价格信息、工程造价指数和工程造价指标

C. 人工价格信息、材料价格信息、机械价格信息及在建工程信息

D. 价格信息、工程造价指数及刚开工的工程信息

	综合办公楼	高层住宅	多层框架商品住宅
造价指数	110.00	115.00	120.00
总投资额	3200万元	6000万元	8600万元

单元6　BIM技术在建设各阶段的应用

一、BIM技术的释义

"BIM"可以指代"Building Information Modeling（建筑信息模型化）""Building Information Model（建筑信息模型）""Building Information Management（建筑信息管理）"三个相互

独立又彼此关联的概念。

Building Information Model（建筑信息模型），是建设工程（如建筑、桥梁、道路）及其设施的物理和功能特性的数字化表达。Building Information Modeling（建筑信息模型化），是指允许所有项目相关方通过不同技术平台之间的数据互用在同一时间利用相同的信息。Building Information Management（建筑信息管理），是使用模型内的信息支持工程项目全生命期信息共享的业务流程的组织和控制。

二、BIM 技术较二维 CAD 技术的优势

1）基本元素：不但具有几何特性，同时还具有建筑物理特征和功能特征，如墙、门、窗。

2）所有图元均为参数化建筑构件，附有建筑属性；在"族"的概念下，只需要更改属性，就可以调节构件的尺寸、样式、材质、颜色等。

3）各个构件是相互关联的，例如，删除一面墙，墙上的门和窗跟着自动删除；删除一扇窗，墙上原来窗的位置会自动恢复为完整的墙。

4）只需要进行一次修改，则与之相关的平面、立面、剖面、三维视图、明细表等都自动修改。

5）包含了建筑的全部信息，不仅提供形象可视的二维和三维图纸，而且提供工程量清单、施工管理、虚拟建造、造价估算等更加丰富的信息。

三、BIM 技术的特点

1）可视化：在 BIM 建筑信息模型中，整个施工过程都是可视化的。可视化的结果不仅可以用于效果图的展示及报表的生成；更重要的是，项目设计、建造、运营过程中的沟通、讨论、决策都在可视化的状态下进行，极大地提升了项目管控的科学化水平。

2）协调性：BIM 建筑信息模型可在建筑物建造前期对各专业的碰撞问题进行协调，生成协调数据，并在模型中生成解决方案，为提升管理效率提供了极大的便利。

3）模拟性：并不是只能模拟设计出的建筑物模型，还可以模拟不能够在真实世界中进行操作的事物。在设计阶段，BIM 可以对一些设计上需要进行模拟的东西进行模拟实验，例如，节能模拟、紧急疏散模拟、日照模拟、热能传导模拟等。

4）互用性：BIM 模型中所有数据只需要一次性采集或输入，就可以在整个建筑物的全生命周期中实现信息的共享、交换与流动，使 BIM 模型能够自动演化，避免了信息不一致的错误。在建设项目不同阶段免除对数据的重复输入，大大降低成本、节省时间、减少错误、提高效率。

5）优化性：整个设计、施工、运营的过程就是一个不断优化的过程，当然优化和 BIM 也不存在实质性的必然联系，但在 BIM 的基础上可以做更好的优化，包括项目方案优化、特殊项目的设计优化等。

四、BIM 技术在工程造价管理各阶段的应用

1. BIM 在决策阶段的应用

1）为项目的模拟决策提供了基础。

2）高效准确地估算出拟建项目的总投资额。

3）将模型与财务分析工具集成，提高决策阶段项目预测水平。

2. BIM 在设计阶段的应用

1）设计中均建立了三维设计模型，各专业设计之间可以共享三维设计模型数据，进行专业协同、碰撞检查，避免数据重复录入；通过 BIM 技术对设计方案优选或限额设计。

2）使用相应的软件直接进行建筑、结构、设备等各专业设计，部分专业的二维设计图纸可以从三维设计模型自动生成。

3）可以将三维设计模型的数据导入到各种分析软件，如能耗分析、日照分析、风环境分析等软件中，快速地进行各种分析和模拟，还可以快速计算工程量并进一步进行工程成本的预测。

3. BIM 在发承包阶段的应用

1）招标和投标各方都可以利用 BIM 模型进行工程量自动计算、统计分析，形成准确的工程量清单。

2）有利于招标人控制造价和投标人报价的编制，提高招标投标工作的效率和准确性。

4. BIM 在施工过程中的应用

1）辅助施工深化设计或生成施工深化图纸。

2）正式开工前就可以通过 BIM 模型对施工工序进行模拟和分析，确定不同时间节点和施工进度、施工成本以及资源计划配置。

3）按要求时间观看到具体实施情况并得到该时间节点的造价数据。

4）便于实时修改调整，实现限额领料施工。

5）基于 BIM 模型的错漏碰撞检查和实时沟通方式。

5. BIM 在工程竣工阶段中的应用

1）提高工程量计算的效率和准确性。

2）BIM 的准确性和过程记录完备性有助于提高结算效率。

3）随时查看变更前后的模型进行对比分析。

6. BIM 在运营维护阶段的应用

1）BIM 可同步提供有关建筑使用情况或性能、入住人员与容量、建筑已用时间以及建筑财务方面的信息。

2）BIM 可提供数字更新记录，并改善搬迁规划与管理。

3）BIM 还促进了标准建筑模型对商业场地条件的适应。

4）综合应用 GIS 技术，将 BIM 与维护管理计划相衔接，实现建筑物业管理与楼宇设备的实时监控相集成的智能化和可视化管理，及时定位问题来源。

真题演练

1.（多选）以下特点中（　　　）属于 BIM 技术特有的。

A. 可视化　　　　　　　　　　B. 模拟性

C. 协调性　　　　　　　　　　D. 优化性

E. 二维

2. （单选）BIM 技术在发承包阶段的主要作用是（　　）。

A. 招标和投标各方都可以利用 BIM 模型进行工程量自动计算、统计分析，形成准确的工程量清单

B. 提高工程量计算的效率和准确性

C. 可随时查看变更前后的模型进行对比分析

D. 辅助施工深化设计或生成施工深化图纸

模块4

工程计价定额的编制与应用

思维导图

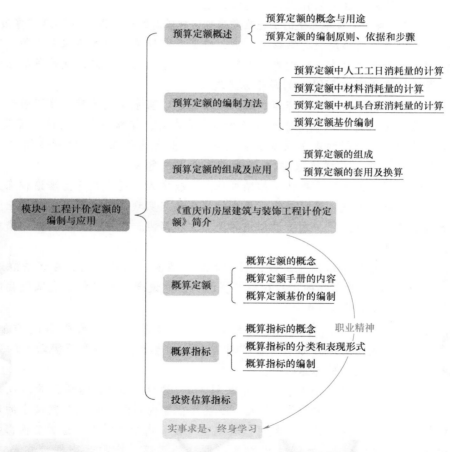

模块4 工程计价定额的编制与应用

- 预算定额概述
  - 预算定额的概念与用途
  - 预算定额的编制原则、依据和步骤
- 预算定额的编制方法
  - 预算定额中人工工日消耗量的计算
  - 预算定额中材料消耗量的计算
  - 预算定额中机具台班消耗量的计算
  - 预算定额基价编制
- 预算定额的组成及应用
  - 预算定额的组成
  - 预算定额的套用及换算
- 《重庆市房屋建筑与装饰工程计价定额》简介
- 概算定额
  - 概算定额的概念
  - 概算定额手册的内容
  - 概算定额基价的编制
- 概算指标
  - 概算指标的概念
  - 概算指标的分类和表现形式
  - 概算指标的编制
- 投资估算指标

职业精神

实事求是、终身学习

学习目标

1. 熟悉预算定额与施工定额、概算定额、概算指标的区别与联系；

2. 了解预算定额的编制方法；

3. 熟悉预算定额的组成；

4. 掌握预算定额的应用；

5. 了解概算定额、概算指标和投资估算指标。

 思政园地

中国近代工程管理典型实践案例——青藏铁路

2006 年 7 月 1 日，世界瞩目的青藏铁路全线通车。

这是世界公认的"高原一流铁路"，这是对世界高原铁路修筑难题的挑战，也是对人类自身极限的挑战。青藏铁路格（尔木）拉（萨）段全长 1142km，线路位于海拔 4000m 以上地段 960km，经过连续多年冻土区 550km，海拔最高点为 5072m，是世界上海拔最高、线路最长的高原铁路。青藏铁路面临多年冻土、高寒缺氧、生态脆弱的工程难题，是当今世界高原极具挑战性、最富创造性的宏伟工程、超级工程项目。

今天我们就来了解一下多年冻土的工程难题是如何被破解的——以"冻"制"冻破难题"。

冻土是一种含冰的对温度极为敏感的土体，分为季节性冻土和多年冻土两种。不到两年就发生融化的土体是季节性冻土；地表以下常年都是冻结状态的土体，就是多年冻土。从望昆到安多，青藏铁路要穿越 550km 的多年冻土地段。

谈到多年冻土，就不得不提及冻胀和融沉两个概念。当水变成冰时，体积增大，使土体"发胖"，地表便拱起升高，这就是冻胀；当冰转变为水时，体积缩小，土体"变瘦"，地表便下沉，这就是融沉。冻胀和融沉反复交替出现，冻土上的路基和钢轨就会随之凸起或凹陷，形成"搓板路"或"炸弹坑"，对铁路运营安全造成危害。

通过实践—认识—再实践—再认识的循环往复，技术人员终于在冻土理论和冻土工程实践的结合上取得了重大突破，多年冻土工程设计思想最终实现了三大转变：对冻土环境分析由静态转变为动态，对冻土保护由被动保温转变为主动降温，对冻土治理由单一措施转变为多管齐下、综合治理。

如今，在青藏铁路 550km 冻土地段，我们时而会看见一座座大桥，在无法绕避的不良地质地段，"以桥带路"是首选的工程措施。据统计，建设者们在多年冻土地段共修建桥梁120km，占冻土地段总里程的近 1/4。

此外，在青藏铁路沿线，我们还会看到路基两旁插着一排排高约 2m、底面直径约0.15m 的铁棒，这就是专家称为冻土病害"青霉素"的热棒。它们像不需动力的天然制冷机，保持多年冻土处于良好的冻结状态。

还有一种横向埋设在路基下部、净距不超过 1m、管径为 0.3m 的通风管，也是降低基底地温、提高冻土稳定性的"良药"。冬天，冷空气在管内对流，加强路基填土的散热。夏天，管口设置的自动控制风门关闭，就可以杜绝空气在管内对流对冻土造成负面影响。

在唐古拉山越岭地段，一处钢结构的遮阳棚格外显眼。这种遮阳棚设在路基上部或边坡上，能够减少太阳辐射对路基的影响，减少传入冻土地基的热量，是多年冻土的"保护伞"。

如今，青藏铁路又有了一个新名字——世界冻土工程博物馆。正如青藏铁路建设总指挥专家咨询组组长、与冻土结缘一生的中国著名冻土专家张鲁新所言："科学的高峰永无止境，我们会继续前进。"

【谈一谈】

1. 看完今天的课程思政背景案例——以"冻"制"冻破难题"，你对工程创新有哪些看法？

2. 你觉得作为一名大学生如何做到创新？

3. 在我们的求学生涯或者今后的工作中，可能会遇到像青藏铁路这样恶劣的工作环境，也可能会遇到很多困难、遭遇很多次失败的情况，你觉得从此案例中，你学会了哪些处理问题的方式？

【课程引导】

《工程造价改革工作方案》中提出了工程造价改革的主要任务之一：完善工程计价依据发布机制，取消最高投标限价按定额计价的规定，逐步停止发布预算定额。我们恰好处于行业转型的关键时期，这一章我们要学习的内容就是工程计价定额在实际工程中的应用与创新。

单元 1　预算定额概述

一、预算定额的概念

建筑工程预算定额简称预算定额，是指在正常合理的施工条件下，规定完成一定计量单位分项工程或结构构件所必需的人工、材料、机械台班的消耗数量标准。

预算定额概述

例如，2018 年《重庆市房屋建筑与装饰工程计价定额》中砖砌体部分砖基础项目规定，完成 $10m^3$ 240mm 现拌 M5 砂浆砖基础需用：

（1）人工

砌筑综合工　　　　　　　　10. 222 工日

（2）材料

1）M5.0 水泥砂浆　　　　　2. 399m^3

2）标准砖　　　　　　　　　5. 262 千块

3）水　　　　　　　　　　　1. 05m^3

（3）机械

灰浆搅拌机 200L　　　　　　0. 4 台班

二、预算定额与施工定额的关系

预算定额和施工定额都是施工企业实行科学管理的工具，预算定额是在施工定额（劳动定额、材料消耗定额、机械台班消耗定额）的基础上，经过综合计算，考虑各种综合因素编制而成的，二者之间有着密切的关系。但是这两种定额有许多方面是不同的，主要区别在于：

1. 两种定额的水平确定的原则不同

预算定额是依据社会消耗的平均劳动时间确定其定额水平，它要综合考虑不同企业、不同地区、不同工人之间存在的水平差距，注意能够反映大多数地区、企业和工人，经过努力能够达到和超过的水平。因此，预算定额基本上反映了社会平均水平，预算定额中的人工、材料、机械台班消耗量不是简单套用施工定额水平的合计。

施工定额是按社会平均先进水平来确定其定额水平，它比预算定额的水平要高出 10% ~ 15%，并且预算定额同施工定额相比包含了更多的施工定额中没有纳入的影响生产消耗的因素。

2. 两种定额的性质不相同

施工定额依据企业内部使用的定额，是施工企业确定工程计划成本以及进行成本核算的依据，它的项目是以工序为对象，项目划分较细；而预算定额不是企业内部使用的定额，它是一种具有广泛用途的计价定额，它的项目是以分项工程或结构构件为对象，故项目划分较施工定额粗些。

三、建筑工程预算定额的作用

1. 预算定额是编制施工图预算的基础

预算定额是编制施工图预算，确定和控制建筑安装工程造价的基础。施工图预算是施工图设计文件之一，是确定和控制建筑工程造价的必要手段。编制施工图预算，主要依据施工图设计文件和预算定额及人工、材料、机械台班的价格。施工图一旦确定后，工程造价大小更多取决于预算定额水平的高低。

2. 预算定额是对设计方案进行技术经济分析的依据

设计方案在设计工作中属于中心地位，设计方案又是直接影响工程造价大小的最重要因素之一，对设计方案的选择既要综合技术先进、适用、美观大方的要求，更要注重经济合理的要求。根据建筑工程预算定额，对建筑结构方案进行经济分析和比较，是选择经济合理的设计方案的重要方法。

3. 预算定额是编制施工组织设计的依据

施工企业根据设计图纸、项目总体要求编制施工组织设计，确定施工平面图、施工进度计划及人工、材料、机械台班等资源需用量和物料运输方案，不仅是建设和施工中必不可少的准备工作，也是保证施工任务顺利实现的条件。而施工组织设计编制中，劳动力、材料、机械台班数量，必须依据预算定额的人工、材料、机械台班的消耗标准来确定。

4. 预算定额是施工企业进行经济活动分析的依据

目前，预算定额反映施工企业的收入水平，因此施工企业必须以预算定额作为各项工作完成好坏的尺度，作为努力的具体目标。只有在施工中不断提高劳动生产率，采用新工艺、新方法，加强组织管理，降低劳动消耗，才能达到和超过预算定额的水平，取得较好的经济效果。

5. 预算定额是编制招标控制价的基础，并对投标报价的编制具有参考作用

随着工程造价管理改革的不断深化，预算定额的指令性作用日益削弱，但对控制招标工程的最高限价仍起一定指导性作用，因此预算定额作为编制招标控制价依据的基础性作用仍然存在。同时，对于部分不具备编制企业定额能力或企业定额体系不健全的投标人，预算定额依然可以作为投标报价的依据。

6. 预算定额是编制概算定额和概算指标的基础

概算定额是在预算定额的基础上编制的，概算指标的编制往往需要对预算定额进行对比分析和参考。利用预算定额编制概算定额和概算指标既可以使概算定额和概算指标在水平上和预算定额一致，又可以节省编制工作中大量的人力、物力和时间，收到事半功倍的效果。

四、预算定额的编制原则

为保证预算定额的质量，充分发挥预算定额的作用，考虑实际使用中的简便性，在预算定额编制工作中应遵循以下原则：

1. 按社会平均必要劳动确定预算定额水平的原则

社会平均必要劳动即社会平均水平，是指在社会正常生产条件下，合理施工组织和工艺条件下，以社会平均劳动强度、平均劳动熟练程度、平均的技术装备水平下确定完成每一分项工程或结构构件所需的劳动消耗，作为确定预算定额水平的主要原则。

预算定额水平是以施工定额水平为基础的，二者之间有着密切的关系，但预算定额水平不是简单地套用施工定额的水平，而应综合考虑各种变化因素，预算定额是按社会平均水平来确定定额水平，而施工定额是按社会平均先进水平来确定定额水平，施工定额水平要比预算定额水平更高一些。

2. 简明适用，通俗易懂的原则

预算定额的内容和形式，既要满足各方面适应性，又要便于使用，要做到定额项目设置齐全、项目划分合理，定额步距要适当，文字说明要清楚、简练、易懂。

所谓定额步距，是指同类一组定额相互之间的间隔。对于主要的、常用的、价值量大的项目，定额划分要细一些，步距小一些；对于次要的、不常用的、价值量小的项目，定额可以划分粗一些，步距大一些。

在预算定额编制中，项目应尽可能齐全完整，要将已经成熟和推广的新技术、新结构、新材料、新工艺项目编入定额。同时，还应注意定额项目计量单位的选择和简化工程量的计算。

五、预算定额编制依据

1. 现行有关定额资料

编制预算定额所依据的有关定额资料，主要内容包括：

1）现行的施工定额；

2）现行的预算定额；

3）现行的单位估价表。

2. 典型的设计资料

编制预算定额所依据的典型设计资料，主要内容包括：

1）国家或地区颁布的标准图集或通用图集；

2）有关构件产品的设计图集；

3）具有代表性的典型的施工图纸。

3. 现行有关规范、规程、标准、新技术等

编制预算定额所依据的有关规范、规程、标准、新技术等，主要内容包括：

1）现行建筑安装工程施工验收规范；

2）现行建筑安装工程设计规范；

3）现行建筑安装工程施工操作规程；

4）现行建筑安装工程质量评定标准；

5）新技术、新结构、新材料和新工艺等。

六、预算定额的编制步骤

预算定额的编制大致可分为五个阶段：准备工作阶段、收集资料阶段、定额编制阶段、定额审核阶段和定稿报批、整理资料阶段，如图4-1所示。

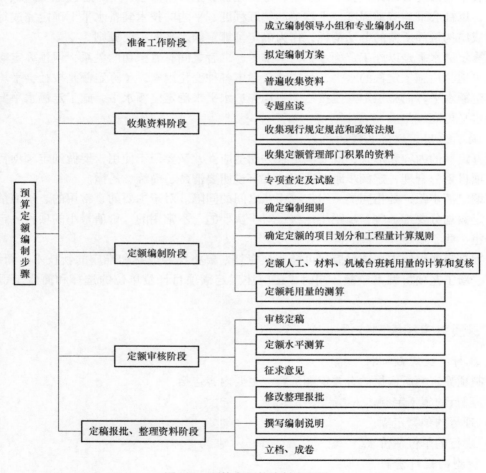

图 4-1　预算定额的编制流程图

真题演练

1.（单选）反映完成一定计量单位合格扩大结构构件需消耗的人工、材料和施工机具台班数量的定额是（　　）。

A. 概算指标　　　　　B. 概算定额　　　　　C. 预算定额　　　　　D. 施工定额

2. （单选）下列定额中，项目划分最细的计价定额是（　　　）。

A. 材料消耗定额　　　B. 劳动定额　　　　　C. 预算定额　　　　　D. 概算定额

单元 2　预算定额的编制方法

一、确定预算定额项目名称和工程内容

预算定额项目名称是指一定计量单位的分项工程或结构构件及其所含子目的名称。定额项目和工程内容，一般是按施工工艺结合项目的规格、型号、材质等特征要求，进行设置的，同时应尽可能反映科学技术的新发展、新材料、新工艺，使其能反映建筑业的实际水平和具有广泛的代表性。

二、确定预算定额的计量单位

1. 计量单位确定原则

预算定额的计量单位的确定，应与定额项目相适应，预算定额与施工定额计量单位往往不同，施工单位的计量单位一般是按工序或施工过程来确定，而预算定额的计量单位主要是根据分项工程或结构构件的形体特征变化来确定。预算定额计量单位的确定首先要确切反映分项工程或结构构件的实物消耗量；其次要有利于减少项目，简化计算；再次要能较准确反映定额所包括的综合工作内容。

2. 计量单位的选择

定额计量单位的选择，主要根据分项工程或结构构件的形体特征和变化规律，按公制或自然计量单位来确定，详见表 4-1。

表 4-1　预算定额项目计量单位的选择

序号	构件形体特征及变化规律	计量单位	实例
1	长、宽、高（厚）三个度量均变化	立方米（m³）	土方、砌体、钢筋混凝土构件、桩等
2	长、宽二个度量变化，高（厚）一定	平方米（m²）	楼地面、门窗、抹灰、油漆等
3	裁面形状、大小固定、长度变化	米（m）	楼梯、木扶手、装饰线等
4	设备和材料重量变化大	吨或千克（t 或 kg）	金属构件、设备制作安装
5	形状没有规律且难以度量	套、台、座、件（个或组）	铸铁头子、弯头、卫生洁具安装栓类阀门等

预算定额中各项人工、材料和机械台班的计量单位的选择，相对比较固定，详见表 4-2。

表 4-2　定额人工、材料、机械台班计量单位选择方法表

序号	项目	计量单位	小数位数
1	人工	工日	二位小数
2	机械	台班	二位小数
3	钢材	t	三位小数
4	木材	m³	三位小数
5	水泥	kg	零位小数（取整数）
6	其他材料	与产品计量单位基本一致	二位小数

三、按典型文件图纸和资料计算工程量

计算工程量的目的，是为了通过分别计算出典型设计图纸或资料所包括的施工过程的工程量，使之在编制建筑工程预算定额时，有可能利用施工定额的人工、机械和材料消耗量指标来确定预算定额的消耗量。

四、预算定额中人工、材料和机械台班消耗量的确定

预算定额中人工、材料、机械消耗量

1. 人工消耗量的确定

人工消耗量指完成一定计量单位的分项工程或结构构件所必需的各种用工数量。人工的工日数确定有两种基本方法：一种是以施工的劳动定额为基础来确定；另一种是采用现场实测数据为依据来确定。

以劳动定额为基础的人工工日消耗量的确定包括基本用工和其他用工。

（1）基本用工

基本用工是指完成一定计量单位的分项工程或结构构件所必需消耗的技术工种用工。这部分工日数按综合取定的工程量和相应劳动定额进行计算。

基本用工消耗量 = ∑（综合取定的工程量 × 相应的劳动定额）

例如，工程中的砖基础，有 1 砖厚、1 砖半厚、2 砖厚等之分，用工各不相同，在预算定额中由于不区分厚度，需要按照统计的比例，加权平均得出综合的人工消耗。

（2）其他用工

其他用工是指劳动定额中没有包括而在预算定额内又必须考虑的工时消耗。其内容包括辅助用工、超运距用工和人工幅度差。

1）辅助用工。辅助用工是指劳动定额中基本用工以外的材料加工等所用的用工。例如，机械土方工程配合用工，材料加工中过筛砂、冲洗石子、化淋灰膏等。计算公式如下：

辅助用工 = ∑（材料加工数量 × 相应的劳动定额）

2）超运距用工。超运距用工是指编制预算定额时，材料、半成品、成品等运距超过劳动定额所规定的运距，而需要增加的工日数量。其计算公式如下：

超运距 = 预算定额取定的运距 – 劳动定额已包括的运距

超运距用工消耗量 = ∑（超运距材料数量 × 相应的劳动定额）

3）人工幅度差。人工幅度差是指劳动定额作业时间未包括而在正常施工情况下不可避免发生的各种工时损失，内容包括：各种工种的工序搭接及交叉作业互相配合发生的停歇用

工；施工机械在单位工程之间转移及临时水电线路移动所造成的停工；质量检查和隐蔽工程验收工作的用工；班组操作地点转移用工；工序交接时对前一工序不可避免的修整用工；施工中不可避免的其他零星用工。

计算公式如下：

$$人工幅度差 =（基本用工 + 辅助用工 + 超运距用工）× 人工幅度差系数$$

人工幅度差是预算定额与施工定额最明显的差额，人工幅度差一般为 10% ~ 15%。

综上所述：

$$
\begin{aligned}
人工消耗量指标 &= 基本用工 + 其他用工\\
&= 基本用工 + 辅助用工 + 超运距用工 + 人工幅度差用工\\
&=（基本用工 + 辅助用工 + 超运距用工）×（1 + 人工幅度差系数）
\end{aligned}
$$

2. 材料消耗量的确定

材料消耗量是指完成一定计量单位的分项工程或结构构件所必需消耗的原材料、半成品或成品的数量，按用途划分为以下四种：

1）主要材料，指直接构成工程实体的材料，其中也包括半成品、成品等。

2）辅助材料，指构成工程实体除主要材料外的其他材料，如钢钉、钢丝等。

3）周转材料，指多次使用但不构成工程实体的摊销材料，如脚手架、模板等。

4）其他材料，指用量较少，难以计量的零星材料，如棉纱等。

材料消耗量指标划分示意图，如图 4-2 所示。

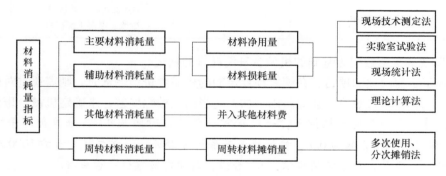

图 4-2　材料消耗量指标划分示意图

预算定额的材料消耗指标一般由材料净用量和损耗量构成，其计算公式如下：

$$材料消耗量 = 材料净用量 + 材料损耗量$$

或

$$材料消耗量 = 材料净用量 ×（1 + 损耗率）$$

式中，

$$损耗率 = \frac{损耗量}{净用量} × 100\%$$

3. 机械台班消耗量的确定

机械台班消耗量是指完成一定计量单位的分项工程或结构构件所必需的各种机械台班的消耗数量。机械台班消耗量的确定一般有两种基本方法：一种是以施工定额的机械台班消耗定额为基础来确定；另一种是以现场实测数据为依据来确定。

（1）以施工定额为基础的机械台班消耗量的确定

这种方法以施工定额中的机械台班消耗用量加机械幅度差来计算预算定额的机械台班消

耗量。其计算式如下：

预算定额机械台班消耗量 = 施工定额中机械台班用量 + 机械幅度差
= 施工定额中机械台班用量 × (1 + 机械幅度差率)

机械幅度差是指施工定额中没有包括，但实际施工中又必须发生的机械台班用量。主要考虑以下内容：

1）施工中机械转移工作面及配套机械相互影响损失的时间；
2）在正常施工条件下机械施工中不可避免的工作间歇时间；
3）检查工程质量影响机械操作时间；
4）临时水电线路在施工过程中移动所发生的不可避免的机械操作间歇时间；
5）冬季施工发动机械的时间；
6）不同厂牌机械的工效差别，临时维修、小修、停水、停电等引起机械停歇时间；
7）工程收尾和工作量不饱满所损失的时间。

大型机械的幅度差系数表详见表4-3。

表4-3 大型机械幅度差系数表

序号	机械名称	系数	序号	机械名称	系数
1	土石方机械	25%	4	钢筋加工机械	10%
2	吊装机械	30%	5	木作、小磨石、打夯机械	10%
3	打桩机械	33%	6	塔式起重机、卷扬机、砂浆、混凝土搅拌机	0

（2）以现场实测数据为基础的机械台班消耗量的确定

如遇施工定额缺项的项目，在编制预算定额的机械台班消耗量时，则需通过对机械现场实地观测得到机械台班数量，在此基础上加上适当的机械幅度差，来确定机械台班消耗量。

【例4-1】 已知某挖土机挖土，一次正常循环工作时间是40s，每次循环平均挖土量0.3m³，机械时间利用系数为0.8，机械幅度差系数为25%。求该机械挖土方1000m³的预算定额机械耗用台班量。产量定额单位：m³/台班，时间定额单位：台班/m³

解：机械纯工作一小时循环次数 = 3600/40 = 90 次/台时
机械纯工作一小时正常生产率 = 90 × 0.3 = 27m³/台时
施工机械台班产量定额 = 27 × 8 × 0.8 = 172.8m³/台班
施工机械台班时间定额 = 1/172.8 = 0.00579 台班/m³
预算定额机械耗用台班 = 0.00579 × (1 + 25%) = 0.00723 台班/m³
挖土方1000m³的预算定额机械耗用台班量 = 1000 × 0.00723 = 7.23 台班

真题演练

1.（单选）编制某分项工程预算定额人工工日消耗量时，已知基本用工、辅助用工、超运距用工分别为20工日、2工日、3工日，人工幅度差系数为10%。则该分项工程单位人工工日消耗量为（   ）工日。

A. 27.0　　　　　　B. 27.2　　　　　　C. 27.3　　　　　　D. 27.5

2. （多选）确定预算定额人工工日消耗量过程中，应计入其他用工的有（　　）。

A. 材料二次搬运用工

B. 电焊点火用工

C. 按劳动定额规定应增（减）计算的用工

D. 临时水电线路移动造成的停工

E. 完成某一分项工程所需消耗的技术工种用工

3. （单选）完成某分部分项工程 $1m^3$ 需基本用工 0.5 工日，超运距用工 0.05 工日，辅助用工 0.1 工日。如人工幅度差系数为 10%，则该工程预算定额人工工日消耗量为（　　）工日/$10m^3$。

A. 6.05　　　　　　B. 5.85　　　　　　C. 7.00　　　　　　D. 7.15

单元 3　预算定额的组成、基价及应用

一、预算定额的组成

《房屋建筑与装饰工程消耗量定额》共十七章，包括土石方工程，地基处理及边坡支护工程，桩基工程，砌筑工程，混凝土及钢筋混凝土工程（含模板工程），金属结构工程，木结构工程，门窗工程，屋面及防水工程，保温、隔热、防腐工程，楼地面装饰工程，墙、柱面装饰与隔断、幕墙工程，天棚工程，油漆、涂料、裱糊工程，其他装饰工程，拆除工程，措施项目。

建筑安装工程预算定额的内容，一般由总说明、分部工程定额和有关的附录（附表）组成。

1. 总说明

总说明是对定额的使用方法及全册共同性问题所做的综合说明和统一规定。要正确地使用预算定额，就必须首先熟悉和掌握总说明内容，以便对整个定额册有全面了解。

总说明内容一般如下：

1）定额的性质和作用；

2）定额的适用范围、编制依据和指导思想；

3）人工、材料、机械台班定额有关共同性问题的说明和规定；

4）定额基价编制依据的说明等；

5）其他有关使用方法的统一规定等。

2. 分部工程定额

分部工程定额是预算定额的主体部分。每一分部工程均列有分部说明、工程量计算规则、定额节及定额表。

1）分部说明，是对本分部编制内容、使用方法和共同性问题所做的说明与规定，它是预算定额的重要组成部分。

2）工程量计算规则，是对本分部中各分项工程工程量的计算方法所做的规定，它是编制预算、计算分项工程工程量的重要依据。

3）定额节，是分部工程中技术因素相同的分项工程的集合。

4）定额表，是定额最基本的表现形式，每一定额表均列有项目名称、定额编号、计量单位、工作内容、定额消耗量、基价和附注等。

3. 定额附录

定额附录是预算定额的有机组成部分，各省、自治区、直辖市编入内容不尽相同，一般包括定额砂浆、混凝土配合比表、建筑机械台班费用定额、主要材料施工损耗表、建筑材料预算价格取定表、某些工程量计算表以及简图等。定额附录内容可作为定额换算与调整和制定补充定额的参考依据。

以下是中华人民共和国住房和城乡建设部于 2019 年组织修订的《房屋建筑与装饰工程消耗量定额》混凝土与钢筋混凝土工程分部钢筋混凝土柱项目定额表的示例，见表 4-4。

表 4-4　混凝土与钢筋混凝土工程分部钢筋混凝土柱项目定额表

定额编号			5-14	5-15	5-16	5-17
项目			矩形柱	构造柱	异形柱	圆形柱
名称		单位	消耗量			
人工	合计工日	工日	5.621	9.657	6.187	6.196
	其中 普工	工日	1.686	2.897	1.856	1.858
	一般技工	工日	3.373	5.794	3.712	3.718
	高级技工	工日	0.562	0.966	0.619	0.620
材料	预拌混凝土 C20	m³	10.100	10.100	10.100	10.100
	水	m³	0.911	2.105	2.105	1.950
	电	kW·h	3.750	3.720	3.720	3.750

【例 4-2】　混凝土工程量为 45m³。试计算完成矩形柱浇捣的工料数量。

解：查现浇构件柱捣混凝土定额表可知，该分项工程定额编号为 5-14，完成该柱浇捣工料数量：

（1）人工　　　　　　　　$45m^3 \times 5.621$ 工日 $/10m^3 = 25.29$ 工日

（2）材料

1）C20 预拌混凝土　　　$45m^3 \times 10.100m^3/10m^3 = 45.45m^3$

2）水　　　　　　　　　$45m^3 \times 0.911m^3/10m^3 = 4.10m^3$

3）电　　　　　　　　　$45m^3 \times 3.750kW \cdot h/10m^3 = 16.88kW \cdot h$

二、预算定额的基价

1. 预算定额基价的概念

预算定额基价就是预算定额分项工程或结构构件的单价，我国现行各省预算定额基价的表达内容不尽统一。有的定额基价只包括人工费、材料费和施工机具使用费，即工料单价；也有的定额基价包括了工料单价以外的管理费、利润的清单综合单价，即不完全综合单价；也有的定额基价还包括了规范、税金在内的全费用综合单价，即完全综合单价。不同内容的定额基价见表 4-5 和表 4-6。

表 4-5　2008 年重庆市建筑工程计价预算定额基价表（工料单价）

一、现浇混凝土

1. 柱混凝土

工作内容：1. 自拌混凝土：搅拌混凝土、水平运输、浇捣、养护等。

2. 商品混凝土：浇捣、养护等。　　　　　　　　　　　　　（计量单位：10m³）

定额编号					AF001	AF002	AF003	AF0004
项目名称					矩形柱		圆（多边）形柱	
					自拌混凝土	商品混凝土	自拌混凝土	商品混凝土
基价/元					2258.62	1971.58	2277.85	1986.81
其中	人工费/元				541.00	330.25	560.75	346.00
	材料费/元				1658.45	1641.33	1657.93	1640.81
	机械费/元				59.17		59.17	
编号		名称	单位	单价	消耗量			
人工	00010101	综合工日	工日	25.00	21.640	13.210	22.430	13.840
材料	80021504	混凝土 C30（塑、特、碎 5～31.5、坍 35～50）	m³	161.49	10.150		10.150	
	01020101	商品混凝土	m³	160.00		10.200		10.200
	36290101	水	m³	2.00	9.090	4.090	8.910	3.910
	75010101	其他材料费	元		1.150	1.150	0.989	0.989
机械	85060202	双锥反转出料混凝土搅拌机 350L	台班	93.92	0.630		0.630	

表 4-6　2018 年重庆市房屋建筑与装饰工程计价定额基价表（清单综合单价）

A.1.3　地面砖地面（编码：011102003）

工作内容：清理基层、试排弹线、锯板修边、刷素水泥浆、铺贴饰面、清理净面。（计量单位：10m²）

定额编号			LA0008	LA0009	LA0010	LA0011	LA0012
项目名称			地面砖楼地面				
			周长（mm 以内）			周长（mm 以外）	斜拼
			1600	2400	3200		现场
费用	综合单价/元		735.09	739.75	755.09	772.50	813.51
	其中	人工费/元	260.00	262.34	271.70	283.92	306.80
		材料费/元	399.63	401.28	404.55	406.19	417.68
		施工机具使用费/元	5.20	5.25	5.43	5.68	6.14
		企业管理费/元	40.59	40.95	42.41	44.32	47.89
		利润/元	24.99	25.21	26.11	27.28	29.48
		一般风险费/元	4.68	4.72	4.89	5.11	5.52

（续）

定额编号					LA0008	LA0009	LA0010	LA0011	LA0012
项目名称					地面砖楼地面				
					周长（mm 以内）			周长（mm 以外）	斜拼
					1600	2400	3200		现场
	编码	名称	单位	单价/元	消耗量				
人工	000300120	镶贴综合工	工日	130.00	2.000	2.018	2.090	2.184	2.360
材料	070502000	地面砖	m²	32.48	10.250	10.300	10.400	10.450	10.800
	810201030	水泥砂浆 1:2（特）	m³	256.68	0.202	0.202	0.202	0.202	0.202
	810425010	素水泥浆	m³	479.39	0.010	0.010	0.010	0.010	0.010
	040100120	普通硅酸盐水泥 P·O 32.5	kg	0.30	19.890	19.890	19.890	19.890	19.890
	040100520	白色硅酸盐水泥	kg	0.75	1.030	1.030	1.030	1.030	1.030
	002000010	其他材料费	元	—	3.33	3.35	3.38	3.39	3.51
机械	002000045	其他机械费	元	—	5.20	5.25	5.43	5.68	6.14

2. 预算定额基价的编制

以基价为"工料单价"为例：

$$分项工程预算定额基价 = 人工费 + 材料费 + 机具使用费$$

其中：

人工费 = Σ（现行预算定额中各种人工工日用量×人工日工资单价）

材料费 = Σ（现行预算定额中各种材料耗用量×相应材料单价）

机具使用费 = Σ（现行预算定额中机械台班用量×机械台班单价）+

Σ（仪器仪表台班用量×仪器仪表台班单价）

【例 4-3】 某预算定额基价的编制过程（表 4-5）。其中定额子目 AF002 的定额基价计算过程为：

解：定额人工费 = 25 × 13.21 = 330.25（元）

定额材料费 = 160 × 10.2 + 4.09 × 2 + 1.15 = 1641.33（元）

定额基价 = 330.25 + 1641.33 = 1971.58（元）

预算定额的应用

三、预算定额的应用

1. 定额编号

在编制预算时，对分项工程或结构构件均须填写（或输入）定额编号，其目的：一方面起到快速查阅定额作用；另一方面也便于预算审核人检查定额项目套用是否正确合理，以起到减少差错、提高管理水平的作用。

为了查阅方便，《房屋建筑与装饰工程消耗量定额》的项目编排顺序为：

1）分部工程号，用阿拉伯数字 1、2、3、4……

2）每一分部中分项工程或结构构件顺序号从小到大按序编制，用阿拉伯数字 1、2、3、4、5、6……

3）定额编号通常用"二代号"编号法来表示。所谓"二代号"编号法即预算定额中的分部工程序号——子项目序号等二个号码，进行定额编号。其表达式如下：

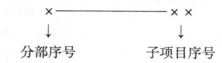

2. 具体应用

在应用预算定额时，要认真地阅读掌握定额的总说明、各册说明、分部工程说明、附注说明以及定额的适用范围。在实际工程预算定额应用时，通常会遇到以下三种情况：预算定额的直接套用、预算定额的调整与换算、补充定额。

（1）预算定额的直接套用

当分项工程的设计要求、项目内容与预算定额项目内容完全相符时，可以直接套用定额。直接套用定额时可按"分部工程——定额节——定额表——项目"的顺序找出所需项目。此类情况在编制施工图预算中属大多数情况。

直接套用定额的主要内容，包括定额编号、项目名称、计量单位、人材机消耗量、基价等。套用时应注意以下几点：

1）根据施工图纸、设计说明、作法说明、分项工程施工过程划分来选择合适的定额项目。

2）要从工程内容、技术特征和施工方法及材料机械规格与型号上仔细核对与定额规定的一致性，才能较准确确定相应的定额项目。

3）分项工程的名称、计量单位必须要与预算定额相一致，计量口径不一，不能直接套用定额。

4）要注意定额表上的工作内容，工作内容中列出的内容其人、材、机消耗已包括在定额内，否则需另列项目计取。

【例 4-4】　某住宅建筑楼梯及平台面层铺贴花岗岩，每块面积为 0.36m²，铺贴工程量为 109.65m²，试计算完成该楼梯花岗岩铺贴的人材机数量。

解：查 2019 年《房屋建筑与装饰工程消耗量定额》，该项目属于第十一章楼地面装饰工程块料面层，套用定额编号为 11-41，人材机数量见表 4-7。

人工消耗量 = 17.188 ÷ 100 × 109.65 = 18.85（工日）

材料消耗量：

天然石材饰面板（600mm × 600mm）消耗量 = 102 ÷ 100 × 109.65 = 111.84（m²）

干混地面砂浆 DS M20 消耗量 = 2.04 ÷ 100 × 109.65 = 2.24（m³）

胶粘剂 DTA 砂浆消耗量 = 0.1 ÷ 100 × 109.65 = 0.11（m³）

水消耗量 = 2.3 ÷ 100 × 109.65 = 2.52（m³）

电消耗量 = 11.07 ÷ 100 × 109.65 = 12.14（kW·h）

机械消耗量 = 0.204 ÷ 100 × 109.65 = 0.22（台班）

表 4-7　块料面层定额表

三、块料面层（编码：011102）

工作内容：清理基层、试排弹线、锯板修边、铺抹结合层、铺贴饰面、清理净面。

（计量单位：100m²）

定额编号			11-41	11-42	11-43
项目			石材楼地面（每块面积）		
			0.36m² 以内	0.64m² 以内	0.64m² 以外
名称		单位	消耗量		
人工	合计工日	工日	17.188	19.305	19.964
	其中 普工	工日	3.438	3.861	3.993
	一般技工	工日	6.016	6.757	6.987
	高级技工	工日	7.734	8.687	8.984
材料	天然石材饰面板（600mm×600mm）	m²	102.000	—	—
	天然石材饰面板（800mm×800mm）	m²	—	102.000	—
	天然石材饰面板（1000mm×1000mm）	m²	—	—	102.000
	干混地面砂浆 DS M20	m³	2.040	2.040	2.040
	胶粘剂 DTA 砂浆	m³	0.100	0.100	0.100
	水	m³	2.300	2.300	2.300
	电	kW·h	11.070	11.070	11.070
	其他材料费	%	0.50	0.50	0.50
机械	干混砂浆罐式搅拌机	台班	0.204	0.204	0.204

（2）预算定额的调整与换算

当施工图纸的分项工程项目要求与定额的工程内容、规格与型号、施工方法等条件不完全相符时，按定额有关规定允许进行调整与换算时，则该分项项目或结构构件能套用相应定额项目，但需按规定进行调整与换算。

定额调整与换算的实质就是按定额规定的换算范围、内容和方法，对某些分项工程项目或结构构件按设计要求进行调整与换算。对调整与换算后的定额项目编号在右下角应注意"换"字，以示区别。

预算定额的调整与换算常见类型有以下几种：

1）混凝土的换算：一是构件混凝土的换算；二是楼地面混凝土的换算。

① 构件混凝土的换算：混凝土用量不变，所以人工费、机械费不变，只换算混凝土强度等级、品种和石子粒径。其换算公式如下：

换算后定额基价 = 原定额基价 +（换入混凝土单价 - 换出混凝土单价）× 定额混凝土用量

换算后相应定额消耗量 = 原定额消耗量 +（换入混凝土单位用量 - 换出混凝土单位用量）× 定额混凝土用量

【例 4-5】　某工程框架薄壁柱，设计为 C35 自拌混凝土，而计价定额为 C30 自拌混凝土，试确定框架薄壁柱的单价及单位材料用量。

解：第一步，查 2018 年《重庆市房屋建筑与装饰工程计价定额》，定额编号为 AE0028，定额基价为 4214.27 元/10m³，每 10m³ 薄壁柱定额消耗量为：

人工	8.100 工日
C30 混凝土（塑、特、碎 5-20，坍 35-50）	9.825m³

第二步，查 2018 年《重庆市混凝土及砂浆配合比定额》，见表 4-8，确定换入、换出混凝土的单价：本例为（塑、特、碎 5-20，坍 35-50）型混凝土。

表 4-8 混凝土及砂浆配合比表 （计量单位：m³）

定额编号				800212010	800212020	800212030	800212040	800212050	800212060
项目名称				特细砂塑性混凝土（坍落度 35~50mm）					
				碎石公称粒级：5~31.5mm					
				C15	C20	C25	C30	C35	C40
基价/元				217.22	231.97	250.62	264.64	261.40	278.22
编码	名称	单位	单价	消耗量					
040100015	32.5R 水泥	kg	0.31	277.000	336.000	410.000	466.000	—	—
040100017	42.5 水泥	kg	0.32	—	—	—	—	436.000	0.361
040300760	特细砂	t	63.11	0.569	0.513	0.445	0.392	0.419	0.361
040500270	碎石 5~31.5	t	67.96	1.391	1.391	1.391	1.391	1.391	1.391
341100100	水	m³	4.42	0.205	0.205	0.205	0.205	0.205	0.205

相应的混凝土单价是：

C30 混凝土：264.64 元/m³

C35 混凝土：261.4 元/m³

第三步，计算换算后的单价：4214.27 + (261.4 - 264.64) × 9.825 = 4182.44（元）

第四步，计算换算后材料用量：

每 1m³ C35 混凝土含：42.5 水泥 436kg、特细砂 0.419m³、碎石 1.391m³、水 0.205m³

水泥需用量 = 436 × 9.825 = 4283.7（kg）

砂需用量 = 0.419 × 9.825 = 4.12（m³）

碎石需用量 = 1.391 × 9.825 = 13.67（m³）

水用量 = 0.205 × 9.825 = 2.01（m³）

② 楼地面混凝土的换算：当楼地面混凝土的厚度、强度设计要求与定额规定不同时，应进行混凝土面层厚度及强度的换算。

2）砂浆的换算：也分为两种情况，一是砌筑砂浆的换算，二是抹灰砂浆的换算。

① 砌筑砂浆的换算与构件混凝土换算相类似，其换算公式如下：

换算价格 = 原定额基价 + （换入砂浆单价 - 换出砂浆单价）×定额砂浆用量

② 抹灰砂浆的换算：抹灰厚度、砂浆配合比与定额规定不同时，人工费、材料费、机械费和材料用量都要进行换算。换算公式如下：

换算价格 = 定额基价 + [（换入砂浆用量×换入砂浆单价）-

（换出砂浆用量×换出砂浆单价）]

式中   换入砂浆用量 = 定额用量 × 设计厚度/定额厚度

换出砂浆用量 = 定额规定砂浆用量

【例 4-6】 某实验室内独立异形砖柱面抹水泥砂浆，设计要求：底层 1:2.5 水泥砂浆（定额规定 1:3）；面层 1:2 水泥砂浆（定额规定 1:2.5）。试计算其预算价格。

解：第一步，查询 2018 年《重庆市房屋建筑与装饰工程计价定额》，见表 4-9。

表 4-9 柱面抹水泥砂浆定额表

工作内容：分层喷抹找平、洒水湿润、罩面压光。   （计量单位：100m²）

定额编号				AM0046	AM0047	AM0048	AM0049	AM0050	AM0051
项目名称				柱面抹水泥砂浆					
				异形柱、梁面					
				砖柱面			混凝土柱、梁面		
				现拌砂浆	干混商品砂浆	湿拌商品砂浆	现拌砂浆	干湿商品砂浆	湿拌商品砂浆
费用	综合单价/元			3135.24	3561.06	2963.63	3511.98	3981.41	3289.86
	其中	人工费/元		1790.50	1696.25	1507.75	1973.38	1869.50	1661.75
		材料费/元		558.90	1092.30	799.01	666.74	1253.36	911.92
		施工机具使用费/元		69.40	85.99	54.93	80.65	99.93	54.93
		企业管理费/元		448.24	429.52	376.60	495.02	474.63	413.72
		利润/元		240.30	230.27	201.90	265.38	254.45	221.79
		一般风险费/元		27.90	26.73	23.44	30.71	29.54	25.75
	编码	名称	单位	单价/元	消耗量				
人工	000300110	抹灰综合工	工日	125.00	14.324	13.570	12.060	15.787	14.956	13.294
材料	810201040	水泥砂浆 1:25（特）	m³	232.40	0.670	—	—	1.110		
	810201050	水泥砂浆 1:3（特）	m³	213.87	1.550	—	—	1.550		
	810425010	素水泥浆	m³	479.39	0.110	0.110	0.110	—		
	810424010	水泥建筑胶装 1:0.1:0.2	m³	530.19	—	—	—	0.110	0.110	0.110
	850301030	干混商品抹灰砂浆 M10	t	271.84	—	3.770	—	—	4.340	
	850302020	湿拌商品抹灰砂浆 M10	m³	325.24	—	—	2.260	—	—	2.590
	002000010	其他材料费	元	—	18.96	14.78	11.23	18.96	15.25	11.23
机械	990610010	灰浆搅拌机 200L	台班	187.56	0.370	—	—	0.430		
	990611010	干混砂浆罐式搅拌机 20000L	台班	232.40	—	0.370	—	—	0.430	
	990621010	砂浆喷涂机 UBJ3A	台班	211.25	—	—	0.260	—	—	0.260

定额编号为 AM0046，定额基价为 3135.24 元/100m²。

底层 1:3 水泥砂浆：1.55m³/100m²

面层 1:2.5 水泥砂浆：0.67m³/100m²

第二步，查询混凝土及砂浆配合比定额，见表 4-10，每立方米各种水泥砂浆的单价如下：

表 4-10　特细砂抹灰砂浆配合比定额

19. 特细砂抹灰砂浆　　　　　　　　　　　　　　　　　　　（计量单位：m²）

定额编号			810201010	810201020	810201030	810201040	810201050
项目名称			水泥砂浆（特细砂）				
			1:1	1:1.5	1:2	1:2.5	1:3
基价/元			334.13	290.25	256.68	232.40	213.87
编码	名称	单位	单价	消耗量			
040100015	水泥 32.5R	kg	0.31	878.000	699.000	570.000	479.000	411.000
040300760	特细砂	t	63.11	0.957	1.142	1.243	1.305	1.344
341100100	水	m³	4.42	0.351	0.336	0.348	0.350	0.370

1:2 水泥砂浆　　　　　　　　　256.68 元/m³

1:2.5 水泥砂浆　　　　　　　　232.40 元/m³

1:3 水泥砂浆　　　　　　　　　213.87 元/m³

第三步，计算换算后的基价：

3135.24 + [(232.40 − 213.87) × 1.55]/100 + [(256.68 − 232.40) × 0.67]/100 = 3135.69(元)

第四步，计算换算后各种主材消耗量：

32.5R 水泥　　　　　　　479.00 × 1.55 + 570.00 × 0.67 = 1124.35（kg）

特细砂　　　　　　　　　1.305 × 1.55 + 1.243 × 0.67 = 2.856（t）

3）系数增减换算：当设计的工程项目内容与定额规定的相应内容不完全相符时，按定额规定对定额中的人工、材料、机械台班消耗量乘以大于（或小于）1 的系数进行换算。其换算公式如下：

调整后的定额基价 = 原定额基价 ± [定额人工费（或材料、机械台班）× 相应调整系数]

调整后的相应消耗量 = 定额人工消耗量（或材料、机械台班）× 相应调整系数

【例 4-7】　某工程平基，施工组织设计规定采用机械开挖土方，在机械不能施工的边角地带需用人工开挖湿土 120m³，试计算人工开挖部分的基价人工费。

解：第一步，查询 2018 年《重庆市房屋建筑与装饰工程计价定额》定额编号为 AA0002，得：

基价 3701.54 元/100m³

其中，人工费为 3237.60 元/100m³

第二步，计算开挖湿土 120m³ 的基价人工费：

按土石方分部的说明：人工土石方项目是按干土编制的，如挖湿土时，人工乘以系数

1. 18. 机械不能施工的土石方部分（如死角等），按相应的人工乘以系数 1.5。

则所求基价人工费应为：3237. 60 ×120 ×1. 18 ×1. 5/100 = 6876. 66 元

4）材料或机械台班单价换算：当设计材料（或机械台班）由于品种、规格、型号等与定额规定不相符，按定额规定允许范围内，对其单价进行换算。其换算公式如下：

换算后基价 = 原定额基价 + ［设计材料（或机械台班）单价 – 定额材料（或机械台班）单价］×定额相应用量

5）材料用量的调整与换算：当设计图纸的分项项目或结构构件的主材由于施工方法、材料断面、规格等与定额规定不同而引起的用量调整，同时数量不同引起相应基价的换算。其调整与换算公式如下：

调整后主材用量 = 原定额消耗量 + （设计材料用量 – 定额材料用量）

换算后基价 = 原定额基价 + 材料量差 ×相应材料单价

6）用量与单价同时进行调整与换算：当设计图纸分项项目或结构构件与定额规定相比较，某些因素不同可能同时出现不仅要进行用量调整又要进行价格换算，即量与价同时进行调整与换算情况。其换算公式如下：

换算后基价 = 原定额基价 + 设计材料（或机械台班）用量 ×相应单价 –

定额材料（或机械台班）用量 ×相应单价

（3）补充定额

当分项工程项目或结构构件的设计要求与定额适用范围和规定内容完全不符合或者由于设计采用新结构、新材料、新工艺、新方法，在预算定额中没有这类项目，属于定额缺项时，应另行补充预算定额。

补充定额编制有两类情况：一类是地区性补充定额，这类定额项目在全国或省（市）统一预算定额中没有，但此类项目本地区经常遇到，可由当地（市）造价管理机构按预算定额编制原则、方法和统一口径与水平编制地区性补充定额，报上级造价管理机构批准颁布；另一类是一次性使用的临时定额，此类定额项目可由预（结）算编制单位根据设计要求，按照预算定额编制原则并结合工程实际情况，编制一次性补充定额，在预（结）算审核中审定。

真题演练

（单选）关于预算定额消耗量的确定方法，下列表述正确的是（   ）。

A. 人工工日消耗量由基本用工量和辅助用工量组成

B. 材料消耗量 = 材料净用量/（1 – 损耗率）

C. 机械幅度差包括了正常施工条件下，施工中不可避免的工序间歇

D. 机械台班消耗量 = 施工定额机械台班消耗量/（1 – 机械幅度差）

单元 4 概 算 定 额

1. 概算定额的概念

概算定额是在预算定额基础上，确定完成合格的单位扩大分项工程或单位扩大结构构件

所需消耗的人工、材料和施工机具台班的数量标准及其费用标准。概算定额又称扩大结构定额。

费用定额

例如，砖基础概算定额项目，以砖基础为主，综合了平整场地、挖地槽、铺设垫层、砌砖基础、铺设防潮层、回填土及运土等预算定额中的分项工程。

概算定额与预算定额的联系与区别如下：

1）联系：表达的主要内容、表达的主要方式及基本使用方法。

2）区别：在于项目划分和综合扩大程度上的差异。概算定额用于设计概算的编制，预算定额用于施工图预算的编制。

2. 概算定额手册

概算定额手册的内容组成见表 4-11。

表 4-11　概算定额手册内容

组成	内容
文字说明	有总说明和分部工程说明。 在总说明中，主要阐述概算定额的性质和作用、概算定额编纂形式和应注意的事项、概算定额编制目的和使用范围、有关定额的使用方法的统一规定
定额项目表	定额项目的划分、按工程结构划分、按工程部位（分部）划分 定额项目表：概算定额手册的主要内容，由若干分节定额组成。各节定额有工程内容、定额表及附注说明组成见表 4-12
附录	

某现浇钢筋混凝土矩形柱概算定额见表 4-12。

表 4-12　某现浇钢筋混凝土矩形柱概算定额

工作内容：模板安拆、钢筋绑扎安放、混凝土浇捣养护。　　　　　　　　　　　　（单位：m³）

定额编号			3002	3003	3004	3005	3006
项目名称			现浇钢筋混凝土柱				
			矩形				
			周长 1.5m 以内	周长 2.0m 以内	周长 2.5m 以内	周长 3.0m 以内	周长 3.0m 以外
			m³	m³	m³	m³	m³
工、料、机名称（规格）		单位	数量				
人工	混凝土工	工日	0.8187	0.8187	0.8187	0.8187	0.8187
	钢筋工	工日	1.1037	1.1037	1.1037	1.1037	1.1037
	木工（装饰）	工日	4.7676	4.0832	3.0591	2.1798	1.4921
	其他工	工日	2.0342	1.7900	1.4245	1.1107	0.8553

（续）

定额编号		3002	3003	3004	3005	3006
项目名称		现浇钢筋混凝土柱				
		矩形				
		周长 1.5m 以内	周长 2.0m 以内	周长 2.5m 以内	周长 3.0m 以内	周长 3.0m 以外
		m³	m³	m³	m³	m³
工、料、机名称（规格）	单位	数量				
材料	泵送预拌混凝土	m³	1.0150	1.0150	1.0150	1.0150	1.0150
	木模板成材	m³	0.0363	0.0311	0.0233	0.0166	0.0144
	工具式组合钢模板	kg	9.4087	8.3150	6.2294	4.4388	3.0385
	扣件	只	1.1799	1.0105	0.7571	0.5394	0.3693
	零星卡具	kg	3.7354	3.1992	2.3967	1.7078	1.1690
	钢支撑	kg	1.2900	1.1049	0.8277	0.5898	0.4037
	柱箍、梁夹具	kg	1.9579	1.6768	1.2563	0.8952	0.6128
	钢丝 18#~22#	kg	0.9024	0.9024	0.9024	0.9024	0.9024
	水	m³	1.2760	1.2760	1.2760	1.2760	1.2760
	圆钉	kg	0.7475	0.6402	0.4796	0.3418	0.2340
	草袋	m²	0.0865	0.0865	0.0865	0.0865	0.0865
	成型钢筋	t	0.1939	0.1939	0.1937	0.1939	0.1939
	其他材料费	%	1.0906	0.9579	0.7467	0.5523	0.3916
机械	汽车式起重机 5t	台班	0.0281	0.0241	0.0180	0.0129	0.0088
	载重汽车 4t	台班	0.0422	0.0361	0.0271	0.0193	0.0132
	混凝土输送泵车 75m³/h	台班	0.0108	0.0108	0.0108	0.0108	0.0108
	木工圆锯机 φ500mm	台班	0.0105	0.0090	0.0068	0.0048	0.0033
	混凝土振捣器插入式	台班	0.1000	0.1000	0.1000	0.1000	0.1000

3. 概算定额基价的编制

根据不同的表达方法，概算定额基价可能是工料单价、综合单价或全费用综合单价，用于编制设计概算，计算表达式如下：

$$概算定额基价 = 人工费 + 材料费 + 机具费$$

$$人工费 = 现行概算定额中人工工日消耗量 × 人工单价$$

$$材料费 = \sum（现行概算定额中材料消耗量 × 相应材料单价）$$

$$机具费 = \sum（现行概算定额中机械台班消耗量 × 相应机械台班单价）+$$

$$\sum（仪器仪表台班用量 × 仪器仪表台班单价）$$

表 4-13 摘录自《重庆市房屋建筑与装饰工程概算定额》现浇混凝土柱概算定额基价。

表 4-13　现浇混凝土概算定额基价表

E.1.2　现浇混凝土柱

E.1.2.1　矩形柱

工作内容：1. 混凝土浇捣、养护。

2. 模板及支撑制作、安装、拆除、整理堆放及场内外运输，清理模板黏结物及模内杂物、削隔离物等。

（计量单位：10m³）

定额编号				CAD0013	
项目名称				矩形柱	
				商品混凝土	
基价/元				7550.73	
其 中	人工费/元			2933.89	
	材料费/元			4499.99	
	施工机具使用费/元			116.85	
	编码	名称	单位	单价/元	消耗量
人 工		模板综合工	工日	120.00	20.932
		混凝土综合工	工日	115.00	3.670
材 料		商品混凝土	m³	266.99	9.847
		木材钢材	m³	1547.01	0.501
		复合模板	m²	23.93	22.301
		支撑钢管及扣件	kg	3.68	41.108
		预拌水泥砂浆 1:2	m³	398.06	0.303
		水	m³	4.42	0.911
		电	kW·h	0.70	3.750
		其他材料费	元	—	283.68
机 械		载重汽车 6t	台班	422.13	0.156
		汽车式起重机 5t	台班	473.39	0.105
		木工圆锯机直径 500mm	台班	25.81	0.050

真题演练

（案例题）砖筑 1 砖半砖墙的技术测定资料如下：

（1）完成 1m³ 的砖体需基本工作时间 15.5h，辅助工作时间占工作班延续时间的 3%，准备与结束工作时间占 3%，不可避免中断时间占 2%，休息时间占 16%，人工幅度差系数为 10%，超距离运砖每千砖需耗时 2.5h。

（2）砖墙采用 M5 水泥砂浆，实体积与虚体积之间的折算系数为 1.07，砖和砂浆的损耗率均为 1%，完成 1m³ 砌体需耗水 0.8m³，其他材料费占上述材料费的 2%。

（3）砂浆采用 400L 搅拌机现场搅拌，运料需 200s，装料 50s，搅拌 80s，卸料 30s，不可避免中断 10s，机械利用系数 0.8，幅度差系数为 15%。

（4）人工工日单价为 20 元/工日，M5 水泥砂浆单价为 120 元/m^3，黏土砖单价 190 元/千块，水为 0.6 元/m^3，400L 砂浆搅拌机台班单价 100 元/台班。

问题：

1）计算确定砌筑 $1m^3$ 砖墙的施工定额。

2）$1m^3$ 砖墙的预算定额和预算单价。

单元5 概算指标

1. 概算指标的概念

建筑安装工程概算指标通常是以单位工程为对象，以建筑面积、体积或成套设备装置的台或组为计量单位而规定的人工、材料、机具台班的消耗量标准和造价指标。

2. 概算指标的作用

1）可以作为编制投资估算的参考。

2）是初步设计阶段编制概算书，确定工程概算造价的依据。

3）概算指标中的主要材料指标可以作为计算主要材料用量的依据。

4）是设计单位进行设计方案比较、设计技术经济分析的依据。

5）是编制固定资产投资计划，确定投资额和主要材料计划的主要依据。

6）是建筑企业编制劳动力、材料计划、实行经济核算的依据。

3. 概算指标的分类和表现形式

（1）概算指标的分类（图 4-3）

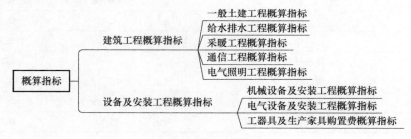

图 4-3　概算指标分类图

（2）概算指标的组成内容及表现形式

概算指标的组成内容一般分为文字说明和列表形式两部分，以及必要的附录。

1）总说明和分册说明：内容一般包括概算指标的编制范围、编制依据、分册情况、指标包括的内容、指标未包括的内容、指标的使用方法、指标允许调整的范围及调整方法等。

2）列表形式，包括以下两种：

① 建筑工程列表形式。房屋建筑、构筑物一般是以建筑面积、建筑体积、座、个等为计算单位，附以必要的示意图，示意图画出建筑物的轮廓示意或单线平面图，列出综合指标："元/m^2" 或 "元/m^3"，自然条件，建筑物的类型、结构形式及各部位中结构主要特点，主要工程量。

② 安装工程列表形式。设备以 "t" 或 "台" 为计算单位，也可以设备购置费或设备原

价的百分比表示；工艺管道一般以"t"为计算单位；通信电话站安装以"站"为计算单位。列出指标编号、项目名称、规格、综合指标，必要时还要列出其中的人工费，必要时还要列出主要材料费、辅材费。

总体来讲列表形式分为以下几个部分：

① 示意图。表明工程的结构，工业项目还表示吊车及起重能力等。

② 工程特征。对采暖工程特征应列出采暖热媒及采暖形式；对电气照明工程特征可列出建筑层数、结构类型、配线方式、灯具名称等；对房屋建筑工程特征主要对工程的结构形式、层高、层数和建筑面积进行说明，见表4-14。

表4-14 内浇外砌住宅结构特征

结构类型	层数	层高	檐高	建筑面积
内浇外砌	六层	2.8m	17.7m	4206m²

③ 经济指标。说明该项目每100m²的造价指标及其土建、水暖和电气照明等单位工程的相应造价，见表4-15。

表4-15 内浇外砌住宅经济指标 （元/100m²建筑面积）

项目	合计	其中			
		直接费	间接费	利润	税金
单方造价	30422	21860	5576	1893	1093
土建	26133	18778	4790	1626	939
水暖	2565	1843	470	160	92
电气照明	1724	1239	316	107	62

④ 构造内容及工程量指标。说明该工程项目的构造内容和相应计算单位的工程量指标及人工、材料消耗指标，见表4-16和表4-17。

表4-16 构造内容及工程量指标表

序号	构造特征		单位	数量
一、土建				
1	基础	灌注桩	m³	14.64
2	外墙	二砖墙、清水墙勾缝、内墙抹灰刷白	m³	24.32
3	内墙	混凝土墙、一砖墙、抹灰刷白	m³	22.70
4	柱	混凝土柱	m³	0.70
5	地面	碎砖垫层、水泥砂浆面层	m²	13
6	楼面	120mm预制空心板、水泥砂浆面层	m²	65
7	门窗	木门窗	m²	62
8	屋面	预制空心板、水泥珍珠岩保温、三毡四油卷材防水	m²	21.7
9	脚手架	综合脚手架	m²	100

（续）

序号	构造特征		单位	数量
二、水暖				
1	采暖方式	集中采暖		
2	给水性质	生活给水明设		
3	排水性质	生活排水		
4	通风方式	自然通风		
三、电气照明				
1	配电方式	塑料管暗配电线		
2	灯具种类	日光灯		
3	用电量			

表 4-17　内浇外砌住宅人工及主要材料消耗指标　　（100m² 建筑面积）

序号	名称及规格	单位	数量	序号	名称及规格	单位	数量
一、土建				二、水暖			
1	人工	工日	506	1	人工	工日	39
2	钢筋	t	3.25	2	钢管	t	0.18
3	型钢	t	0.13	3	暖气片	m²	20
4	水泥	t	18.10	4	卫生器具	套	2.35
5	白灰	t	2.10	5	水表	个	1.84
6	沥青	t	0.29	三、电气照明			
7	红砖	千块	15.10	1	人工	工日	20
8	木材	m³	4.10	2	电线	m	283
9	砂	m³	41	3	钢管	t	0.04
10	砾石	m³	30.5	4	灯具	套	8.43
11	玻璃	m²	29.2	5	电表	个	1.84
12	卷材	m²	80.8	6	配电箱	套	6.1
				四、机具使用费 7.5%			
				五、其他材料费 19.57%			

4. 概算指标的编制

1）计算工程量，以每平方米建筑面积为计算单位，换算出所含的工程量指标。

2）根据计算出的工程量和预算定额等资料，编出预算书，求出每百平方米建筑面积的预算造价及人工、材料、施工机具使用费和材料消耗量指标。

注意：构筑物是以"座"为单位，在计算完工程量后，不必进行换算，预算书确定的价值就是每座构筑物概算指标的经济指标。

真题演练

1.（单选）关于工程计价定额中的概算指标，下列说法正确的是（　　　）。

A. 概算指标通常以分部工程为对象

B. 概算指标中各种消耗量指标的确定，主要来自预算或结算资料

C. 概算指标的组成内容一般分为列表形式和必要的附录两部分

D. 概算指标的使用及调整方法，一般在附录中说明

2.（单选）关于概算指标的编制，下列说法中正确的是（　　）。

A. 概算指标分为建筑安装工程概算指标和设备工器具概算指标

B. 综合概算指标的准确性高于单项概算指标

C. 单项形式的概算指标对工程结构形式可不作说明

D. 构筑物的概算指标以预算书确定的价值为准，不必进行建筑面积换算

单元 6　投资估算指标

与概预算定额相比，投资估算指标以独立的建设项目、单项工程或单位工程为对象，综合项目全过程投资和建设中的各类成本和费用，反映出其扩大的技术经济指标，既是定额的一种表现形式，但又不同于其他的计价定额。

一、投资估算指标的作用

工程建设投资估算指标既具有宏观指导作用，同时，又是编制建设项目建议书、可行性研究报告等前期工作阶段投资估算的依据，可以作为编制固定资产计划投资额的参考。

1）在编制项目建议书阶段，是项目主管部门审批项目建议书的依据之一，并对项目的规划及规模起参考作用。

2）在可行性研究报告阶段，是项目决策的重要依据，也是方案比选、优化设计方案、正确编制投资估算、合理确定项目投资额的重要基础。

3）在建设项目评价及决策过程中，是评价建设项目投资可行性、分析投资效益的主要经济指标。

4）在项目实施阶段，是限额设计和工程造价确定与控制的依据。

5）是核算建设项目建设投资需要额和编制建设投资计划的重要依据。

6）合理准确地确定投资估算指标是进行工程造价管理改革、实现工程造价事前管理和主动控制的前提条件。

二、投资估算指标的内容

投资估算指标的内容见表 4-18，具体实例见表 4-19。

表 4-18　投资估算指标的内容

	内容	表现形式
建设项目综合指标	从立项筹建开始至竣工验收交付的全部投资额。 建设项目总投资 = 单项工程投资 + 工程建设其他费 + 预备费等	以项目的综合生产能力单位投资表示；或以使用功能表示，如元/t，医院：元/床

（续）

	内容	表现形式
单项工程指标	独立发挥生产能力或使用效益的单项工程内的全部投资额。 工程费用 = 建筑工程费 + 安装工程费 + 设备及工器具购置费（可能其他）	以单项工程生产能力单位投资表示，如元/t、元/m
单位工程指标	能独立设计、施工的工程项目的费用，即建筑安装工程费	房屋区别不同结构以“元/m^2”表示

表4-19　某建设项目投资估算指标

一、工程概况（表一）

工程名称	住宅楼	工程地点	××市	建筑面积	4549m^2		
层数	七层	层高	3.00m	檐高	21.60m	结构类型	砖混
地耐力	130kPa	地震烈度	7度	地下水位	−0.65m、−0.83m		

土建部分	地基处理		—
	基础		C10混凝土垫层，C20钢筋混凝土带形基础，砖基础
	墙体	外	一砖墙
		内	一砖、1/2砖墙
	柱		C20钢筋混凝土构造柱
	梁		C20钢筋混凝土单梁、圆梁、过梁
	板		C20钢筋混凝土平板，C30预应力钢筋混凝土空心板
	地面	垫层	混凝土垫层
		面层	水泥砂浆面层
	楼面		水泥砂浆面层
	屋面		块体刚性屋面，沥青铺加气混凝土块保温层，防水砂浆面层
	门窗		木胶合板门（带纱），塑钢窗
	装饰	天棚	混合砂浆、106涂料
		内粉	混合砂浆、水泥砂浆、106涂料
		外粉	水刷石
安装	水卫（消防）		给水镀锌钢管，排水塑料管，坐式大便器
	电气照明		照明配电箱，PVC塑料管暗数，穿铜芯绝缘导线，避雷网敷设

二、每平方米综合造价指标（表二）　　（单位：元/m^2）

项目	综合指标	直接费				取费（综合费）
		合价	其中			
			人工费	材料费	机具费	三类工程
工程造价	530.39	408.00	74.69	308.13	25.18	122.89
土建	503.00	386.92	70.95	291.80	24.17	116.08
水卫（消防）	19.22	14.73	2.38	11.94	0.41	4.49
电气照明	8.67	6.35	1.36	4.39	0.60	2.32

（续）

三、土建工程各分部占直接费的比例及每平方米直接费（表三）

分部工程名称	占直接费（%）	元/m²	分部工程名称	占直接费（%）	元/m²
±0.00 以下工程	13.01	50.40	楼地面工程	2.62	10.13
脚手架及垂直运输	4.02	15.56	屋面及防水工程	1.43	5.52
砌筑工程	16.90	65.37	防腐保温隔热工程	0.65	2.52
混凝土及钢筋混凝土工程	31.78	122.95	装饰工程	9.56	36.98
构件运输及安装工程	1.91	7.40	金属结构制作工程	—	—
门窗及木结构工程	18.12	70.09	零星项目	—	—

四、人工、材料消耗指标（表四）

项目	单位	每100m² 消耗量	材料名称	单位	每100m² 消耗量
一、定额用工	工日	382.06	二、材料消耗（土建工程）		
土建工程	工日	363.83	钢材	t	2.11
			水泥	t	16.76
水卫（消防）	工日	11.60	木材	m³	1.80
			标准砖	千块	21.82
电气照明	工日	6.63	中粗砂	m³	34.39
			碎（砾）石	m³	26.20

单项工程一般划分原则：

1）主要生产设施，指直接参加生产产品的工程项目，包括生产车间或生产装置。

2）辅助生产设施，指为主要生产车间服务的工程项目，包括集中控制室、中央实验室、机修、电修、仪器仪表修理及木工（模）等车间，原材料、半成品、成品及危险品等仓库。

3）其他，包括公用工程、环保工程、总图运输工程、厂区服务设施、生活福利设施、厂外工程等。

真题演练

1.（单选）关于工程计价定额中的概算指标，下列说法正确的是（　　）。

A. 概算指标通常以分部工程为对象

B. 概算指标中各种消耗量指标的确定，主要来自预算或结算资料

C. 概算指标的组成内容一般分为列表形式和必要的附录两部分

D. 概算指标的使用及调整方法，一般在附录中说明

2.（单选）关于概算指标的编制，下列说法中正确的是（　　）。

A. 概算指标分为建筑安装工程概算指标和设备工器具概算指标

B. 综合概算指标的准确性高于单项概算指标

C. 单项形式的概算指标对工程结构形式可不作说明

D. 构筑物的概算指标以预算书确定的价值为准，不必进行建筑面积换算

3. （多选）关于投资估算指标反映的费用内容和计价单位，下列说法中正确的有（   ）。

A. 单位工程指标反映建筑安装工程费，以每 m^2、m^3、m、座等单位投资表示

B. 单项工程指标反映工程费用，以每 m^2、m^3、m、座等单位投资表示

C. 单项工程指标反映建筑安装工程费，以单项工程生产能力单位投资表示

D. 建设项目综合指标反映项目固定资产投资，以项目综合生产能力单位投资表示

E. 建设项目综合指标反映项目总投资，以项目综合生产能力单位投资表示

模块 5
工程总承包项目管理

思维导图

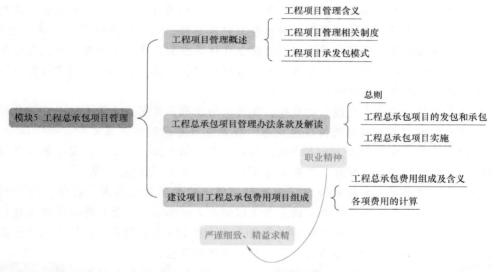

工程项目管理概述
- 工程项目管理含义
- 工程项目管理相关制度
- 工程项目承发包模式

模块5 工程总承包项目管理

工程总承包项目管理办法条款及解读
- 总则
- 工程总承包项目的发包和承包
- 工程总承包项目实施

职业精神

建设项目工程总承包费用项目组成
- 工程总承包费用组成及含义
- 各项费用的计算

严谨细致、精益求精

学习目标

1. 熟悉工程项目管理的含义及相关制度;
2. 掌握工程项目常见承发包模式;
3. 熟悉工程总承包管理办法;
4. 掌握建设项目工程总承包费用项目组成。

思政园地

中国现代工程管理典型实践案例——港珠澳大桥

港珠澳大桥被英国《卫报》誉为"新世界七大奇迹"之一。有人评价,它是交通工程界的"珠穆朗玛峰"。对于这座目前世界上综合难度最大的跨海大桥而言，每项荣誉的背后，都是一组组沉甸甸数据的支撑。

港珠澳大桥集桥、岛、隧于一体，全长 55km，是世界总体跨度最长的跨海大桥；海底隧道全长 6.7km，由 33 个巨型沉管组成，全部采用沉箱预制搭建，是世界上最长的海底公路沉管隧道；海底隧道最深处为海平面下 46m，是世界上埋进海床最深的沉管隧道；对接海底隧道的每个沉管重约 8 万 t，是世界最重的沉管；大桥主体是世界上最长的钢结构桥梁，桥梁的主梁钢板用量达到 42 万 t，相当于建 60 座埃菲尔铁塔的重量。此外，大桥还囊括了世界首创主动止水的沉管隧道最终接头、世界首创桥—岛—隧集群方案、世界最大尺寸高阻尼橡胶隔震支座、世界最大难度深水无人对接的沉管隧道等多项世界之最。

曾参与指挥建设东海大桥、杭州湾大桥等工程的老桥梁专家谭国顺用"集大成者"来形容港珠澳大桥。他表示，"世界之最"的背后，是港珠澳大桥在建设管理、工程技术、施工安全和环境保护等领域填补诸多"中国空白"乃至"世界空白"，进而形成一系列"中国标准"的艰苦努力。

港珠澳大桥打破了国内通常的"百年惯例"，制定了 120 年的设计标准。在海洋地质标准的技术、工艺无法满足施工需要的情况下，科研人员依靠 1986 年以来湛江地区累积形成的海洋水文数据攻克了大量技术难题，并结合伶仃洋实际，创造性地提出了"港珠澳模型"等一整套具有中国特色、世界水平的海洋防腐抗震技术措施，采用了当前世界上最好的高性能环氧钢筋、不锈钢筋、高性能海工混凝土、合理的结构、工厂化制造及耐久性技术，保证港珠澳大桥达到 120 年的使用标准。

从规模上来说，这是个巨型化的规模，世界级的工程，是国际上最大的一个单体跨海交通项目。所采用的"深插式钢圆筒快速成岛"技术在世界范围内都属首创。根据设计，120 个巨型钢筒被直接固定在海床上插入海底，然后在中间填土形成人工岛。每个圆钢筒的直径为 22.5m，几乎和篮球场一样大。其高度为 55m，相当于 18 层楼的高度。

另外，大桥深水无人对接的公路沉管隧道同样堪称世界最大难度。沉管在海平面以下 13~48m 不等的海底无人对接，对接误差必须控制在 2cm 以内。"凝聚着全体建设者智慧和心血，融入了全体建设者精神和灵魂的港珠澳大桥未来 120 年甚至更长时间将屹立于珠江口伶仃洋上，见证粤港澳三地的融合与发展，见证祖国的强盛。"

400 多项新专利，7 项世界之最，整体设计和关键技术全部自主研发，科研创新可谓港珠澳大桥建设中的题中之义。在这一大国重器的背后，不光有千千万万建设者的汗水，更有不少为其提供强有力科技支撑的团队。在大桥设计和建造的 14 年当中，共有 21 家企事业单位，以及清华大学、华南理工大学、同济大学、西南交通大学、东南大学、南京大学、长安大学、中山大学等 8 所高等院校，在包括水文、气象、地质、地震、测绘、环境等各方面展开了 51 项专题研究。

如今，中国的桥梁和高铁一样，已经成为中国走向世界的一张名片，而随着这张名片一同递出的，是我们身为中国人的自信心。

【谈一谈】

1. 在港珠澳大桥这么多"世界之最"的背后，你想到了什么？

2. 你觉得作为一名大学生如何做好自己的职业生涯规划？

3. 你觉得如何去实现"中国梦"？

【课程引导】

通过学习，我们知道港珠澳大桥是实行的工程总承包项目管理，本模块将学习工程总承包项目管理的发包与承包、项目实施及费用组成。

单元 1　工程项目管理概述

一、工程项目管理含义

工程项目管理是指从事工程项目管理的企业受业主委托，按照合同约定，代表业主对工程项目的组织实施进行全过程或若干阶段的管理和服务。工程项目管理的具体内容是指组织运用系统工程的观点、理论和方法，对工程项目周期内的所有工作（包括项目建议书、可行性研究、评估论证、设计、采购、施工、验收等）进行计划、组织指挥、协调和控制的过程，工程项目管理的核心任务是控制项目基本目标（造价、质量、进度），同时兼顾安全、环保、节能等社会目标，最终实现项目功能，以满足使用者需求。

工程项目造价、质量、进度、安全、环保、节能等目标是一个相互关联的整体，进行工程项目管理，必须充分考虑工程项目目标之间的相互关系，注意统筹兼顾，合理确定目标，防止发生盲目追求单一目标而冲击或干扰其他目标的现象。

二、项目管理相关制度

工程建设领域实行项目法人责任制、工程监理制、招标投标制和合同管理制。这几项制度密切联系，共同构成了我国工程建设管理的基本制度，同时也为我国工程项目管理提供了法律保障。

1. 项目法人责任制

项目法人责任制是指国有大中型项目在建设阶段就按现代企业制度组建项目法人，由项目法人对项目策划、资金筹措、建设实施、生产经营、债务偿还和资产的保值增值，实行全过程负责。项目法人责任制的核心内容是明确由项目法人承担投资风险，项目法人要对工程项目的建设及建成后的生产经营实行一条龙管理和全面负责。

（1）项目法人设立

新上项目在项目建议书被批准后，应由项目的投资方派代表组成项目法人筹备组，具体负责项目法人的筹建工作。有关单位在申报项目可行性研究报告时，必须同时提出项目法人的组建方案，否则其可行性研究报告将不予审批。在项目可行性研究报告被批准后应正式成立项目法人，按有关规定确保资本金按时到位，并及时办理公司设立登记。项目公司可以是有限责任公司（包括国有独资公司），也可以是股份有限公司。

（2）项目董事会职权

建设项目董事会的职权有筹措建设资金，审核、上报项目初步设计和概算文件、上报年度投资计划并落实年度资金，提出项目开工报告；研究解决建设过程中出现的重大问题；提出项目竣工验收申请报告，审定偿还债务计划和生产经营方针；按时偿还债务，聘任或解聘项目总经理，并根据总经理的提名，聘任或解聘其他高级管理人员。

（3）项目总经理职权

项目总经理的职权有：组织编制项目初步设计文件，对项目工艺流程、设备选型、建设标准、总图布置提出意见；提交董事会审查组织工程设计、施工监理、施工队伍和设备材料采购的招标工作，编制和确定招标方案、标底和评标标准，评选和确定投标、中标单位，实行国际招标的项目；按现行有关规定办理编制并组织实施项目年度投资计划、用款计划、建设进度计划；编制项目财务预算、决算并组织实施归还贷款和其他债务计划，组织工程建设实施，负责控制工程投资、工期和质量；在项目建设过程中，在批准的概算范围内对单项工程的设计进行局部调整（凡引起生产性质、能力、产品品种和标准变化的设计调整及概算调整，需经董事会决定并报原审批单位批准）；根据董事会授权处理项目实施中的重大紧急事件，及时向董事会报告；负责生产准备工作和培训有关人员，负责组织项目试生产和单项工程预验收；拟定生产经营计划、企业内部机构设置、劳动定员定额方案及工资福利方案；组织项目后评价，提出项目后评价报告；按时向有关部门报送项目建设、生产信息和统计资料，请董事会聘任或解聘项目高级管理人员。

2. 工程监理制

工程监理是指具有相应资质的工程监理单位受建设单位的委托，依照法律法规、工程建设标准、勘察设计文件及合同，在施工阶段对建设工程质量、进度、造价进行控制，对合同、信息进行管理，对工程建设相关方的关系进行协调，并履行建设工程安全生产管理法定职责的服务活动。

我国从1988年开始试行建设工程监理制度，经过试点和稳步发展两个阶段后，从1996年开始进入全面推行阶段。

3. 招标投标制

工程招标投标通常是指由工程、货物或服务采购方（招标方）通过发布招标公告或投标邀请向承包商、供应商提供招标采购信息，提出所需采购项目的性质及数量、质量、技术要求，交货期、竣工期或提供服务的时间，以及对承包商、供应商的资格要求等招标采购条件，由有意提供采购所需工程、货物或服务的承包商、供应商作为投标方，通过书面提出报价及其他响应招标要求的条件参与投标竞争，最终经招标方审查比较，择优选定中标者，并与其签订合同的过程。

《招标投标法》及《招标投标法实施条例》对招标、投标、开标、评标、中标等环节进行了明确规定。

4. 合同管理制

工程建设是一个极为复杂的社会生产过程，现代社会化大生产和专业化分工使许多单位会参与到工程建设之中，而各类合同则是维系各参与单位之间关系的纽带。在工程项目合同体系中，建设单位和施工单位是两个最主要节点。

（1）建设单位的主要合同关系

为实现工程项目总目标，建设单位可通过签订合同将工程项目、有关活动委托给相应的专业承包单位或专业服务机构，相应的合同有工程承包（总承包、施工承包）合同、工程勘察合同、工程设计合同、设备和材料采购合同、工程咨询（可行性研究、技术咨询、造价咨询）合同、工程监理合同、工程项目管理服务合同、工程保险合同、贷款合同等。

（2）施工单位的主要合同关系

施工单位作为工程承包合同的履行者，也可通过签订合同将工程承包合同中所确定的工程设计、施工、设备材料采购等部分任务委托给其他相关单位来完成，相应的合同有工程分包合同、设备和材料采购合同、运输合同、加工合同、租赁合同、劳务分包合同、保险合同等。

三、工程项目承发包模式

根据业主需求，针对具体工程项目采取合适的工程项目承发包模式，一般有项目管理承包模式（合作服务承包或代建）、设计—采购—施工总承包模式（分阶段范围）、建造—经营—转让模式（围绕建造运营）、建造—移交模式、建造—拥有—运营模式、建造—拥有—经营—转让模式、私民营机构建造模式（围绕融资）、转让—经营—转让模式（国有与私营之间）、公共部门与私人企业合作模式（签订特许合作协议）等。

1. 项目管理承包（CM）

CM 承包模式是指由建设单位委托一家 CM 单位承担项目管理工作，该 CM 单位以承包单位的身份进行施工管理，并在一定程度上影响工程设计活动，组织快速路径的生产方式，使工程项目实现有条件的"边设计、边施工"。

（1）CM 承包模式的特点

1）采用快速路径法施工。

2）CM 单位有代理型（Agency）和非代理型（Non-Agency）两种。代理型的 CM 单位不负责工程分包的发包，与分包单位的合同由建设单位直接签订；而非代理型的 CM 单位直接与分包单位签订分包合同。

3）CM 合同采用成本加酬金方式。代理型合同是建设单位与分包单位直接签订，因此，采用简单的成本加酬金合同形式。而非代理型合同则采用保证最大工程费用（GMP）加酬金的合同形式。这是因为 CM 合同总价是在 CM 合同签订之后，随着 CM 单位与各分包单位签约而逐步形成的。只有采用保证最大工程费用，建设单位才能控制工程总费用。

（2）CM 承包模式在工程造价控制方面的价值

1）与施工总承包模式相比，采用 CM 承包模式时的合同价更具合理性。

2）CM 单位不赚取总包与分包之间的差价。

3）应用价值工程方法挖掘节约投资的潜力。

4）GMP 可大大减少建设单位在工程造价控制方面的风险。

2. 设计—采购—施工总承包（EPC）

EPC 总承包模式是指建设单位作为业主将建设工程发包给总承包单位，由总承包单位承揽整个建设工程的设计、采购、施工，并对承包的建设工程的质量、安全、工期、造价等全面负责，最终向建设单位提交一个符合合同约定、满足使用功能、具备使用条件并经竣工验收合格的建设工程承包模式。交钥匙工程是 EPC 的主要模式之一，指跨国公司为建造工程项目，一经设计与建造工程完成，包括设备安装、试车及初步操作顺利运转后，即将该工厂或项目所有权和管理权的"钥匙"依合同完整地交给对方，由对方开始经营。

3. 建造—经营—转让（BOT）

建造—经营—转让（BOT）是指政府通过契约授予私营企业以一定期限的特许经营权，

许可其融资建设和经营特定的公用基础设施，并准许其通过向用户收取费用或出售产品以清偿贷款，回收投资并赚取利润，特许期权限届满时，该基础设施无偿移交给政府。

4. 建造—移交（BT）

BT 模式是政府利用非政府资金完成基础非经营性设施建设项目的一种融资模式，是建造—经营—转让（BOT）模式的一种变换形式，指项目的运作通过项目公司总承包，融资、建设验收合格后移交业主，业主向投资方支付项目总投资加上合理回报的过程。

5. 建造—拥有—运营（BOO）

建造—拥有—运营（BOO），是指私营部门的合作伙伴融资、建立并拥有永久的经营基础设施，承包商根据政府赋予的特许权，建设并经营某项产业项目。

6. 建造—拥有—经营—转让（BOOT）

建造—拥有—经营—转让（BOOT），是指私人合伙或某国际集团建设基础产业项目，项目建成后，在规定的期限内拥有所有权并进行经营，期满后将项目移交给政府。

7. 转让—经营—转让（TOT）

TOT 通常是指政府部门或国有企业将建设好的项目的一定期限的产权或经营权，有偿转让给投资人，由其进行运营管理，投资人在约定的期限内通过经营收回全部投资并得到合理的回报，双方合约期满之后，投资人再将该项目交还政府部门或原企业的一种融资方式。私营部门的合作伙伴，通常是金融服务公司，投资建设基础设施，并向公共部门收取使用这些资金的利息。在此模式下，私营部门的合作伙伴根据合同在特定的时间内运营公有资产，公共合作伙伴保留资产的所有权。

8. 公共部门与私人企业合作（PPP）

为了合作建设城市基础设施项目，以特许权协议为基础，公共部门与私人企业彼此之间形成一种伙伴式的合作关系，并通过签署合同来明确双方的权利和义务，最终使合作各方达到比预期单独行动更为有利的结果。此外，私人主动融资（PFI），指政府部门根据社会对基础设施的需求，提出需要建设的项目，通过招标投标，由获得特许权的私营部门进行公共基础设施项目的建设与运营，并在特许期结束时将所经营的项目完好地、无债务地归还给政府，而私营部门则从政府或接受服务方收取费用以回收承包的项目融资方式。PPP 模式适用于投资额大、建设周期长、资金回报慢的项目。

真题演练

1.（单选）CM 承包模式的特点是（   ）。

A. 建设单位与分包单位直接签订合同

B. 采用流水施工法施工

C. CM 单位可赚取总分包之间的差价

D. 采用快速路径法施工

2.（单选）关于 CM 承包模式的说法，正确的是（   ）。

A. CM 合同采用成本加酬金的计价方式

B. 分包合同由 CM 单位与分包单位签订

C. 总包与分包之间的差价归 CM 单位

D. 订立 CM 合同时需要依次确定施工合同总价

3.（多选）下列关于 CM 承包模式的说法，正确的有（　　）。

A. CM 承包模式下采用快速路径法施工

B. CM 单位直接与分包单位签订分包合同

C. CM 合同采用成本加酬金的计价方式

D. CM 单位与分包单位之间的合同价是保密的

E. CM 单位不赚取总包与分包之间的差价

单元 2　工程总承包管理办法及条款解读

工程总承包是指工程总承包企业按照与建设单位签订的合同，对工程项目的勘察、设计、采购、施工等实行全过程的承包建设，并对工程的质量、安全、工期和造价等全面负责的工程项目承包方式。

工程总承包模式是由国际上流行的 EPC 模式借鉴吸收而来。EPC 模式在国际工程中通过 FIDIC（国际咨询工程师联合会）银皮书的形式广泛应用，具有设计、采购、施工由工程总承包单位统一安排和实施的特点，有利于工程质量的统一协调、工期推进快于传统模式、避免发生工程责任推诿等，这些性质对于项目经验较少的建设单位来说尤为突出。

2019 年 12 月 23 日住房和城乡建设部和国家发展改革委发布《房屋建筑和市政基础设施项目工程总承包管理办法》，自 2020 年 3 月 1 日起施行。

房屋建筑和市政基础设施项目工程总承包管理办法

第一部分　总　　则

第一条　为规范房屋建筑和市政基础设施项目工程总承包活动，提升工程建设质量和效益，根据相关法律法规，制定本办法。

【解读：制定目的、制定依据】

第二条　从事房屋建筑和市政基础设施项目工程总承包活动，实施对房屋建筑和市政基础设施项目工程总承包活动的监督管理，适用本办法。

【解读：适用范围】

第三条　本办法所称工程总承包，是指承包单位按照与建设单位签订的合同，对工程设计、采购、施工或者设计、施工等阶段实行总承包，并对工程的质量、安全、工期和造价等全面负责的工程建设组织实施方式。

【解读：工程总承包的定义；明确工程总承包应当同时包含设计和施工内容，应采用 EPC 和 D-B 方式，EP、PC 等非典型总承包模式将排除在本办法规定的工程总承包方式之外】

第四条　工程总承包活动应当遵循合法、公平、诚实守信的原则，合理分担风险，保证工程质量和安全，节约能源，保护生态环境，不得损害社会公共利益和他人的合法权益。

【解读：工程总承包活动基本原则】

第五条　国务院住房和城乡建设主管部门对全国房屋建筑和市政基础设施项目工程总承包活动实施监督管理。国务院发展改革部门依据固定资产投资建设管理的相关法律法规履行相应的管理职责。

县级以上地方人民政府住房和城乡建设主管部门负责本行政区域内房屋建筑和市政基础设施项目工程总承包（以下简称工程总承包）活动的监督管理。县级以上地方人民政府发展改革部门依据固定资产投资建设管理的相关法律法规在本行政区域内履行相应的管理职责。

【解读：监督管理部门】

第二部分　工程总承包项目的发包和承包

第六条　建设单位应当根据项目情况和自身管理能力等，合理选择工程建设组织实施方式。

建设内容明确、技术方案成熟的项目，适宜采用工程总承包方式。

【解读：适用项目根据 FIDIC 银皮书的使用说明，EPC 交钥匙工程适用于项目的最终价格和要求的工期具有更大的确定性的情况，由承包商承担全部设计、采购和施工工作，提供一个配备完整的设施，"转动钥匙"时即可运行的情况。在这种情况下，建设单位对于项目最终呈现结果和质量的控制主要是通过在业主要求中从结果出发描述项目的主要技术要求实现，而不过多地干涉总承包单位的具体设计、施工工作，只要最终的结果可以实现建设单位在业主要求中的目的即可。

给予了建设单位更大的自由度，势必释放更大的政策红利，推动工程总承包市场的良性健康发展。】

第七条　建设单位应当在发包前完成项目审批、核准或者备案程序。采用工程总承包方式的企业投资项目，应当在核准或者备案后进行工程总承包项目发包。采用工程总承包方式的政府投资项目，原则上应当在初步设计审批完成后进行工程总承包项目发包；其中，按照国家有关规定简化报批文件和审批程序的政府投资项目，应当在完成相应的投资决策审批后进行工程总承包项目发包。

【解读：明确了发包阶段和条件。实践中，部分项目未取得备案、核准文件，或未完成初步设计就开始工程总承包项目招标，项目长时间无法开工或承包人投标报价基础资料不足，导致发承包双方在项目实施过程中发生争议。该条款明确了发包阶段和条件，减少因为基础资料不足而引起的争议。】

第八条　建设单位依法采用招标或者直接发包等方式选择工程总承包单位。

工程总承包项目范围内的设计、采购或者施工中，有任一项属于依法必须进行招标的项目范围且达到国家规定规模标准的，应当采用招标的方式选择工程总承包单位。

【解读：明确了发包方式。】

第九条　建设单位应当根据招标项目的特点和需要编制工程总承包项目招标文件，主要包括以下内容：

（一）投标人须知；

（二）评标办法和标准；

（三）拟签订合同的主要条款；

（四）发包人要求，列明项目的目标、范围、设计和其他技术标准，包括对项目的内容、范围、规模、标准、功能、质量、安全、节约能源、生态环境保护、工期、验收等的明确要求；

（五）建设单位提供的资料和条件，包括发包前完成的水文地质、工程地质、地形等勘察资料，以及可行性研究报告、方案设计文件或者初步设计文件等；

（六）投标文件格式；

（七）要求投标人提交的其他材料。

建设单位可以在招标文件中提出对履约担保的要求，依法要求投标文件载明拟分包的内容；对于设有最高投标限价的，应当明确最高投标限价或者最高投标限价的计算方法。

推荐使用由住房和城乡建设部会同有关部门制定的工程总承包合同示范文本。

【解读：招标文件的编制内容；工程总承包项目通常采用固定总价方式发包，承包人准确报价的前提条件是发包人能提供充分的报价基础资料。实践中，承包人往往以项目发生变更为由，主张对合同价格进行调整，但双方因报价基础资料不完备或不准确导致对于项目是否发生变更产生争议，进而无法对合同价款是否应调整达成一致意见。为减少此类纠纷，本条规定，发包人在招标文件中应提供明确的发包人要求，需列明项目的目标、范围、设计和其他技术标准，发包人在招标时应明确项目需求并确保项目基础资料准确，以便发承包双方能准确判断项目是否发生变更。】

第十条　工程总承包单位应当同时具有与工程规模相适应的工程设计资质和施工资质，或者由具有相应资质的设计单位和施工单位组成联合体。工程总承包单位应当具有相应的项目管理体系和项目管理能力、财务和风险承担能力，以及与发包工程相类似的设计、施工或者工程总承包业绩。

设计单位和施工单位组成联合体的，应当根据项目的特点和复杂程度，合理确定牵头单位，并在联合体协议中明确联合体成员单位的责任和权利。联合体各方应当共同与建设单位签订工程总承包合同，就工程总承包项目承担连带责任。

【解读：工程总承包单位应具备的条件。此条规定与之前相比产生了巨大的变动，在《总承包意见》、征求意见稿以及一直以来的管理模式中，都是要求工程总承包企业应当具备与工程规模相适应的工程设计资质或者施工资质，工程总承包企业可以在其资质证书许可的工程项目范围内自行实施设计和施工，也可以根据合同约定或者经建设单位同意，直接将工程项目的设计或者施工业务择优分包给具有相应资质的企业。仅具有设计资质的企业承接工程总承包项目时，应当将工程总承包项目中的施工业务依法分包给具有相应施工资质的企业。仅具有施工资质的企业承接工程总承包项目时，应当将工程总承包项目中的设计业务依法分包给具有相应设计资质的企业。

而在新出台的管理办法之中，要求承接工程总承包项目的企业应当同时具备设计资质和施工资质，或者应当是由具有资质的设计单位和施工单位组成的联合体。这为具有较高资质的设计单位申请相应级别的施工资质，为具有较高资质的施工单位申请相应级别的设计资质开辟了"绿色通道"。

这就意味着：仅具有施工资质或设计资质的企业将无法单独承接工程总承包业务。实践中大量的工程总承包单位仅具有设计资质或者施工资质，《工程总承包管理办法》实施后，该类工程总承包企业如需继续承接工程总承包业务，需与其他具有相应施工资质或设计资质的企业组成联合体，确保承包人组成的联合体同时具有设计和施工资质，方能进行投标。

这样的规定变化，反映了管理部门对于严控工程总承包项目质量和强化责任归一性的意图，回归了工程总承包项目责任单一责任制的初衷，也便于建设单位统一管理，为具备勘察、设计、施工综合资质的大型建设企业参与工程总承包项目提供了法律依据，回应了在实践中出现的施工单位作为工程总承包单位时经常将设计工作分包的现实关切，也为设计单位作为总承包单位参与工程总承包市场提供了更多的便利。

新的管理办法也为联合体作为承包方承接工程总承包项目开辟了道路。与以往设计单位或施工单位承接项目后，将施工或设计业务再分包出去的做法相比，在联合体模式下，由联合体承担项目的设计和施工等责任，联合体内部需共同对建设单位承担连带责任，这样就降低了建设单位的风险。同时，由联合体承担设计和施工工作时，联合体内部各方利益一致，在一定程度上可以避免总分包模式下过度设计的问题，有助于降低项目造价。】

第十一条　工程总承包单位不得是工程总承包项目的代建单位、项目管理单位、监理单位、造价咨询单位、招标代理单位。

政府投资项目的项目建议书、可行性研究报告、初步设计文件的编制单位及其评估单位，一般不得成为该项目的工程总承包单位。政府投资项目招标人公开已经完成的项目建议书、可行性研究报告、初步设计文件的，上述单位可以参与该工程总承包项目的投标，经依法评标、定标，成为工程总承包单位。

【解读：虽然国家层面并未出台法律法规禁止前期设计、咨询服务单位（以下简称"前期咨询单位"）参加后续工程总承包项目的投标，且大部分省份出台的相关规定均允许前期咨询单位参加或附条件参加后续工程总承包项目的投标，但国家计委、建设部等七部门发布的《工程建设项目施工招标投标办法》（七部委30号令）（以下简称"30号令"）第三十五条规定"为招标项目的前期准备或者监理工作提供设计、咨询服务的任何法人及其任何附属机构（单位），都无资格参加该招标项目的投标"。即使30号令明确适用范围为项目施工，实践中发包人或主管部门仍存在以工程总承包项目包含施工内容为由，要求工程总承包项目的招标投标适用前述规定，禁止前期咨询单位参与后续工程总承包项目的投标。】

第十二条　鼓励设计单位申请取得施工资质，已取得工程设计综合资质、行业甲级资质、建筑工程专业甲级资质的单位，可以直接申请相应类别施工总承包一级资质。鼓励施工单位申请取得工程设计资质，具有一级及以上施工总承包资质的单位可以直接申请相应类别的工程设计甲级资质。完成的相应规模工程总承包业绩可以作为设计、施工业绩申报。

【解读：国家为提高工程总承包单位的市场竞争力，一直鼓励总承包单位同时具有工程设计资质和施工资质。2020年3月5日全国建筑市场监管公共服务平台官网公布了对房屋建筑和市政基础设施项目工程总承包管理办法有关常用问题的答疑：

1. 施工企业可否直接申请工程设计资质？企业业绩如何认定？

答：具有施工总承包一级及以上资质的施工企业可以申请相应类别工程设计甲级资质，按照工程设计资质的相同申报渠道申请，按照工程设计甲级资质标准的相同条件进行考核。

工程设计甲级资质标准要求的企业业绩可以由涵盖工程设计业务的工程总承包业绩替

代。其中，具有建筑工程、市政公用工程施工总承包一级资质的企业，直接申请相应的建筑行业甲级资质、市政行业（燃气工程、轨道交通工程除外）甲级资质时，企业自行完成或者以联合体形式完成的工程总承包业绩，可以作为企业业绩申报。企业业绩、个人业绩执行《住房城乡建设部办公厅关于进一步推进勘察设计资质资格电子化管理工作的通知》（建办市 2017〔67〕号）第三条的规定，申请建筑行业甲级资质、市政行业（燃气工程、轨道交通工程除外）甲级资质的企业，未进入全国建筑市场监管公共服务平台的企业业绩和个人业绩，在资质审查时不作为有效业绩认定。

2. 具有设计资质的企业能否申请建筑业企业资质？

答：已取得工程设计综合资质、行业甲级资质的企业，可以直接申请相应类别施工总承包一级资质，企业自行完成或者以联合体形式完成的相应规模工程总承包业绩可以作为其工程业绩申报。

其中，具有工程设计综合资质、建筑行业甲级资质、建筑工程专业甲级资质、市政行业（燃气工程、轨道交通工程除外）甲级资质的企业，可以直接申请相应的建筑工程、市政公用工程施工总承包一级资质，企业自行完成或者以联合体形式完成的工程总承包业绩，可以作为其工程业绩申报。

除以上两种情形外，工程设计企业应按照《建筑业企业资质实施意见》中首次申请的要求申请建筑业企业资质。】

第十三条　建设单位应当依法确定投标人编制工程总承包项目投标文件所需要的合理时间。

【解读：投标文件编制期限】

第十四条　评标委员会应当依照法律规定和项目特点，由建设单位代表、具有工程总承包项目管理经验的专家，以及从事设计、施工、造价等方面的专家组成。

【解读：评标委员会的组成】

第十五条　建设单位和工程总承包单位应当加强风险管理，合理分担风险。

建设单位承担的风险主要包括：

（一）主要工程材料、设备、人工价格与招标时基期价相比，波动幅度超过合同约定幅度的部分；

（二）因国家法律法规政策变化引起的合同价格的变化；

（三）不可预见的地质条件造成的工程费用和工期的变化；

（四）因建设单位原因产生的工程费用和工期的变化；

（五）不可抗力造成的工程费用和工期的变化。

具体风险分担内容由双方在合同中约定。

鼓励建设单位和工程总承包单位运用保险手段增强防范风险能力。

【解读：发包承包的风险分担；工程总承包项目通常为交钥匙工程，发包人在招标过程中，为将自身风险转嫁给承包人，常常会利用自身的优势地位，要求承包人以固定价格完成合同约定的项目，并承担项目实施过程中的一切风险或大部分风险，加重了承包人的风险，造成承包人风险过重、权利失衡，导致发承包双方在结算过程中发生争议。通常，发承包双方仅能对以上风险内容进行细化，不能将本应属于发包人的风险约定由承包人承担。顾名思义，前述发包人应承担风险事由导致的合同工期延误和费用增加的责任应由发包人承担，承

包人有权要求工期顺延和调增合同价款。】

第十六条　企业投资项目的工程总承包宜采用总价合同，政府投资项目的工程总承包应当合理确定合同价格形式。采用总价合同的，除合同约定可以调整的情形外，合同总价一般不予调整。

建设单位和工程总承包单位可以在合同中约定工程总承包计量规则和计价方法。

依法必须进行招标的项目，合同价格应当在充分竞争的基础上合理确定。

【解读：本条规定延续了征求意见稿中的规定，即未对工程总承包的价格模式进行强制性的规定，仅仅对于非政府投资项目推荐采用固定总价的合同模式，对于政府项目并未进行明确规定。由于采用工程总承包的工程项目往往在招标阶段没有设计图纸，设计工作由总承包单位根据业主要求起草和完善，同时在工程总承包项目中建设单位的参与度较低，这就使得传统施工中固定单价据实结算以及成本加酬金的计价模式面临着成本难以控制等问题。因此，在 FIDIC 银皮书中，EPC 模式下采用的是固定总价的计价方式，由各投标单位在投标时采用总价报价的模式，在项目实施时除非因合同规定的原因，否则不得调价。而且由于设计的不确定性和总价的固定性，总承包单位往往在报价时将相关的风险体现在价格之中，这也导致了采用固定总价报价时价格往往较固定单价报价更高，而更高的报价也使业主无需投入大量精力管理项目，只需要验证最终项目结果是否满足业主要求即可，从而达到了双方利益的再次平衡。

而在新的管理办法中并没有强制性地采用固定总价的计价方式，这可能是考虑到了我国工程建设领域的实际情况，给予了业主参与监督管理项目的空间，也为循序渐进地向国际上流行的采用固定总价模式进行工程总承包建设过渡提供了轨道。然而此举在实践过程中是否会因为采用非固定总价的计价模式而造成业主和总包单位之间的推诿扯皮，业主过分干涉项目施工而拖累施工进展，以及图纸审批和计价结算时的争议，有待进一步观察。】

第三部分　工程总承包项目实施

第十七条　建设单位根据自身资源和能力，可以自行对工程总承包项目进行管理，也可以委托勘察设计单位、代建单位等项目管理单位，赋予相应权利，依照合同对工程总承包项目进行管理。

【解读：建设单位的项目管理】

第十八条　工程总承包单位应当建立与工程总承包相适应的组织机构和管理制度，形成项目设计、采购、施工、试运行管理以及质量、安全、工期、造价、节约能源和生态环境保护管理等工程总承包综合管理能力。

【解读：工程总承包单位的组织机构】

第十九条　工程总承包单位应当设立项目管理机构，设置项目经理，配备相应管理人员，加强设计、采购与施工的协调，完善和优化设计，改进施工方案，实现对工程总承包项目的有效管理控制。

【解读：工程总承包单位的管理】

第二十条　工程总承包项目经理应当具备下列条件：

（一）取得相应工程建设类注册执业资格，包括注册建筑师、勘察设计注册工程师、注册建造师或者注册监理工程师等；未实施注册执业资格的，取得高级专业技术职称；

（二）担任过与拟建项目相类似的工程总承包项目经理、设计项目负责人、施工项目负责人或者项目总监理工程师；

（三）熟悉工程技术和工程总承包项目管理知识以及相关法律法规、标准规范；

（四）具有较强的组织协调能力和良好的职业道德。

工程总承包项目经理不得同时在两个或者两个以上工程项目担任工程总承包项目经理、施工项目负责人。

【解读：工程总承包项目经理应当具备的条件。上述四个条件属于强制标准，若不满足上述条件的项目经理在投标中将导致废标风险，在合同履约过程中则会承担违约风险。】

第二十一条　工程总承包单位可以采用直接发包的方式进行分包。但以暂估价形式包括在总承包范围内的工程、货物、服务分包时，属于依法必须进行招标的项目范围且达到国家规定规模标准的，应当依法招标。

【解读：工程总承包单位的分包：由于我国的《建筑法》《招标投标法》等对于发包后的再分包都进行了规定，例如《建筑法》规定："禁止承包单位将其承包的全部建筑工程转包给他人，禁止承包单位将其承包的全部建筑工程肢解以后以分包的名义分别转包给他人"，"施工总承包的，建筑工程主体结构的施工必须由总承包单位自行完成。"《招标投标法》规定："中标人按照合同约定或者经招标人同意，可以将中标项目的部分非主体、非关键性工作分包给他人完成"。

由于在新的管理办法中明确了工程项目必须由同时具有设计资质和施工资质的公司完成，或者是由设计单位或者施工单位组成联合体，则意味着总承包单位或者联合体应当实施设计和施工，而不能将设计或者施工分包或转包出去。而对于"工程主体部分"，按照这一思路也应当理解为"设计的主体部分"和"施工的主体部分"。关于这一点的具体判断标准，还有待主管部门和司法部门的进一步明确，以统一实践思路。】

第二十二条　建设单位不得迫使工程总承包单位以低于成本的价格竞标，不得明示或者暗示工程总承包单位违反工程建设强制性标准、降低建设工程质量，不得明示或者暗示工程总承包单位使用不合格的建筑材料、建筑构配件和设备。

工程总承包单位应当对其承包的全部建设工程质量负责，分包单位对其分包工程的质量负责，分包不免除工程总承包单位对其承包的全部建设工程所负的质量责任。

工程总承包单位、工程总承包项目经理依法承担质量终身责任。

第二十三条　建设单位不得对工程总承包单位提出不符合建设工程安全生产法律、法规和强制性标准规定的要求，不得明示或者暗示工程总承包单位购买、租赁、使用不符合安全施工要求的安全防护用具、机械设备、施工机具及配件、消防设施和器材。

工程总承包单位对承包范围内工程的安全生产负总责。分包单位应当服从工程总承包单位的安全生产管理，分包单位不服从管理导致生产安全事故的，由分包单位承担主要责任，分包不免除工程总承包单位的安全责任。

第二十四条　建设单位不得设置不合理工期，不得任意压缩合理工期。

工程总承包单位应当依据合同对工期全面负责，对项目总进度和各阶段的进度进行控制管理，确保工程按期竣工。

第二十五条　工程保修书由建设单位与工程总承包单位签署，保修期内工程总承包单位应当根据法律法规规定以及合同约定承担保修责任，工程总承包单位不得以其与分包单位之间保修责任划分而拒绝履行保修责任。

第二十六条　建设单位和工程总承包单位应当加强设计、施工等环节管理，确保建设地点、建设规模、建设内容等符合项目审批、核准、备案要求。

政府投资项目所需资金应当按照国家有关规定确保落实到位，不得由工程总承包单位或者分包单位垫资建设。政府投资项目建设投资原则上不得超过经核定的投资概算。

第二十七条　工程总承包单位和工程总承包项目经理在设计、施工活动中有转包违法分包等违法违规行为或者造成工程质量安全事故的，按照法律法规对设计、施工单位及其项目负责人相同违法违规行为的规定追究责任。

 真题演练

1.（单选）下列说法正确的是（　　）。

A. 以暂估价形式包括在总承包范围内的工程、货物、服务分包时，工程总承包单位可以采用直接发包的方式进行分包

B. 工程总承包单位应当同时具有与工程规模相适应的工程设计资质和施工资质，但是不能是由具有相应资质的设计单位和施工单位组成的联合体

C. 采用工程总承包方式的企业投资项目，应当在核准或者备案后进行工程总承包项目发包

D. 工程总承包单位应当对其承包的全部建设工程质量负责，分包单位对其分包工程的质量负责，分包可以免除工程总承包单位对其承包的全部建设工程所负的质量责任

2.（多选）建设单位承担的风险主要包括（　　）。

A. 主要工程材料、设备、人工价格与招标时基期价相比，波动幅度超过合同约定幅度的部分

B. 因国家法律法规政策变化引起的合同价格的变化

C. 不可预见的地质条件造成的工程费用和工期的变化

D. 因建设单位原因产生的工程费用和工期的变化

E. 招标的风险

单元3　建设项目工程总承包费用项目组成

一、建设项目工程总承包计价方式

建设项目工程总承包是指从事工程总承包的企业按照与建设单位签订的合同，对工程项目的设计、采购、施工等实行全过程的承包，并对工程的质量、安全、工期和造价等全面负责的承包方式。

建设单位可以在建设项目的可行性研究批准立项后，或方案设计批准后，或初步设计批准后采用工程总承包的方式发包。

工程总承包一般采用设计—采购—施工总承包模式。建设单位也可以根据项目特点和实际需要采用设计—施工总承包或其他工程总承包模式。建设项目工程总承包应采用总价合同，除合同另有约定外，合同价款不予调整。

二、建设项目工程总承包费用项目组成

费用项目可以分为两类，一是必然要发生的并应列入总承包的项目，如勘察设计费、建安工程费、设备购置费等；二是可能要发生，也可能不发生的，应根据工程具体情况判断是否列入总承包的项目，如土地租用、占道及补偿费，专利及专有技术使用费等。

相比于施工发承包仅包含建筑安装工程费用，工程总承包则包含建筑安装工程费之外更多的费用。由于是多阶段的工作一并发包，可行性研究阶段后工程总承包费用的构成更接近固定资产投资的构成，但需剔除由建设单位使用的相关费用，且适当进行费用的细分、调整或重新定义。在发承包时，发包人可设置暂列金额，进入合同总价，但应由发包人掌握使用。对初步设计后的费用项目，范围会缩小，《房屋建筑和市政基础设施项目工程总承包计价计量规范（征求意见稿）》中费用项目构成详见表5-1，《建设项目工程总承包费用项目组成（征求意见稿）》中费用项目构成见表5-2。

表 5-1　工程总承包费用构成参照表（1）

504 号文名称	本规范拟用名称	可行性研究或方案设计后	初步设计后
建筑安装工程费	建筑安装工程费	全部	全部
设备购置费	设备购置费	全部	全部
勘察费	勘察费	全部	部分费用
设计费	设计费	全部	除方案设计、初步设计外的费用
研究试验费	研究试验费	全部	部分费用
土地征用及迁移补偿费	土地租用、占道及补偿	根据工程建设期间是否需要定	
项目建设管理费	总承包管理费	大部分费用	部分费用
临时设施费	临时设施费	全部	部分费用
招标投标费	招标投标费	大部分费用	部分费用
社会中介机构审查费	咨询和审计费	大部分费用	部分费用
检验检测费	检验检测费	全部	全部
系统集成费	系统集成费	全部	全部
其他待摊费	财务费	全部	全部
	专利及专有技术使用费	根据工程建设是否需要确定	
	工程保险费	根据发包范围确定	
	法律服务费	根据发包范围确定	

表5-2　工程总承包费用构成参照表（2）

费用名称	可行性研究	方案设计	初步设计
建筑安装工程费	√	√	√
设备购置费	√	√	√
勘察费	√	部分费用	—
设计费	√	除方案设计的费用	除方案设计、初步设计的费用
研究试验费	√	大部分费用	部分费用
土地租用及补偿费	根据工程建设期间是否需要定		
税费	根据工程具体情况计列应由总承包单位缴纳的税费		
总承包项目建设管理费	大部分费用	部分费用	小部分费用
临时设施费	√		部分费用
招标投标费	大部分费用	部分费用	部分费用
咨询和审计费	大部分费用	部分费用	部分费用
检验检测费	√	√	√
系统集成费	√	√	√
财务费	√	√	√
专利及专有技术使用费	根据工程建设是否需要定		
工程保险费	根据发包范围定		
法律费	根据发包范围定		
暂列费用	根据发包范围定，进入合同，但由建设单位掌握使用		

　　《建设项目工程总承包费用项目组成（征求意见稿）》规定建设项目工程总承包费用项目由建筑安装工程费、设备购置费、总承包其他费、暂列费用构成。《房屋建筑和市政基础设施项目工程总承包计价计量规范（征求意见稿）》规定建设项目工程总承包费用项目由勘察费、设计费、建筑安装工程费、设备购置费、总承包其他费组成。工程总承包中所有项目均应包括成本、利润和税金。建设单位应根据建设工程总承包项目发包的工程内容、工作范围，按照风险合理分担的原则确定具体费用项目及其范围。

　　建筑安装工程费，指为完成建设项目发生的建筑工程和安装工程所需的费用，不包括应列入设备购置费的被安装设备本身的价值。该费用由建设单位按照合同约定支付给总承包单位。建设单位应根据建设项目工程发包在可行性研究或方案设计、初步设计后的不同要求和工作范围，分别按照现行的投资估算、设计概算或其他计价方法编制计列。

　　设备购置费，指为完成建设项目，需要采购设备和为生产准备的不够固定资产标准的工具、器具的价款，不包括应列入安装工程费的工程设备（建筑设备）本身的价值。该费用由建设单位按照合同约定支付给总承包单位（不包括工程抵扣的增值税进项税额）。建设单位应按照批准的设备选型，根据市场价格计列。批准采用进口设备的，包括相关进口、翻译等费用。

设备购置费 ＝ 设备价格 ＋ 设备运杂费 ＋ 备品备件费

　　总承包其他费，指建设单位应当分摊计入工程总承包相关项目的各项费用和税金支出，并按照合同约定支付给总承包单位的费用。主要包括以下几项：

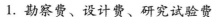

1. 勘察费、设计费、研究试验费

勘察费是指发包人按照合同约定支付给承包人用于完成建设项目进行工程水文地质勘察所发生的费用。设计费是指发包人按照合同约定支付给承包人用于完成建设项目进行工程设计所发生的费用，包括方案设计、初步设计、施工图设计费和竣工图编制费，该费用应根据可行性研究及方案设计后、初步设计后的发包范围确定。研究试验费是指发包人按照合同约定支付给承包人用于为建设项目提供研究或验证设计数据、资料进行必要的研究实验以及按照设计规定在建设过程中必须进行实验、验证所需的费用。

勘察费、设计费、研究试验费均应根据不同阶段的发包内容，参照同类或类似项目的勘察费、设计费、研究试验费计列。

2. 土地租用及补偿费

土地租用及补偿费指建设单位按照合同约定支付给总承包单位在建设期间因需要而用于租用土地使用权而发生的费用以及用于土地复垦、植被恢复等的费用，相关规定如下：

1）土地租用费应参照工程所在地有关部门的规定计列。

2）土地复垦费应按照《土地复垦条例》和《土地复垦条例实施办法》和工程所在地政府相关规定计列。

3）植被恢复费应参照工程所在地有关部门的规定计列。

3. 税费

税费指建设单位按照合同约定支付给总承包单位的应由其缴纳的各种税费，如印花税、应纳增值税及其在此基础上计算的附加税等。

1）印花税，按国家规定的印花税标准计列。

2）增值税及附加税，参照同类或类似项目的增值税及附加税计列。

4. 总承包项目建设管理费

总承包项目建设管理费指建设单位按照合同约定支付给总承包单位用于项目建设期间发生的管理性质的费用，包括：工作人员工资及相关费用、办公费、办公场地租用费、差旅交通费、劳动保护费、工具用具使用费、固定资产使用费、招募生产工人费、技术图书资料费（含软件）、业务招待费、施工现场津贴、竣工验收费和其他管理性质的费用。建设单位应按财政部财建〔2016〕504 号文件附件 2 规定的项目建设管理费计算，按照不同阶段的发包内容计列。

5. 临时设施费

临时设施费指建设单位按照合同约定支付给总承包单位用于未列入建筑安装工程费的临时水、电、路、讯、气等工程和临时仓库、生活设施等建（构）筑物的建造、维修、拆除的摊销或租赁费用，以及铁路码头租赁等费用。应根据建设项目特点，参照同类或类似工程的临时设施计列，不包括已列入建筑安装工程费用中的施工企业临时设施费。

6. 招标投标费

招标投标费指建设单位按照合同约定支付给总承包单位用于材料、设备采购以及工程设计、施工分包等招标和总承包投标的费用，应参照同类或类似工程的此类费用计列。

7. 咨询和审计费

咨询和审计费指建设单位按照合同约定支付给总承包单位用于社会中介机构的工程咨询、工程审计等的费用，应参照同类或类似工程的此类费用计列。

8. 检验检测费

检验检测费指建设单位按照合同约定支付给总承包单位用于未列入建筑安装工程费的工程检测、设备检验、负荷联合试车费、联合试运转费及其他检验检测的费用，应参照同类或类似工程的此类费用计列。

9. 系统集成费

系统集成费指建设单位按照合同约定支付给总承包单位用于系统集成等信息工程的费用，如网络租赁、BIM、系统运行维护等，应参照同类或类似工程的此类费用计列。

10. 其他专项费用

其他专项费用指建设单位按照合同约定支付给总承包单位使用的费用，如财务费、专利及专有技术使用费、工程保险费、法律费用等。

1）财务费是指在建设期内提供履约担保、预付款担保、工程款支付担保以及可能需要的筹集资金等所发生的费用，应参照同类或类似工程的此类费用计列。

2）专利及专有技术使用费是指在建设期内取得专利、专有技术、商标以及特许经营使用权发生的费用，按专利使用许可或专有技术使用合同规定计列，专有技术的界定以省、部级鉴定批准为依据。

3）工程保险费是指在建设期内对建筑工程、安装工程、机械设备和人身安全进行投保而发生的费用，包括建筑安装工程一切险、工程质量保险、人身意外伤害险等，不包括已列入建筑安装工程费中的施工企业的财产、车辆保险费。应按选择的投保品种，依据保险费率计算。

4）法律费是指在建设期内聘请法律顾问，可能用于仲裁或诉讼以及律师代理等费用，参照同类或类似工程的此类费用计列。

5）暂列费用，指建设单位为工程总承包项目预备的用于建设期内不可预见的费用，包括基本预备费、价差预备费。根据工程总承包不同的发包阶段，分别参照现行估算或概算方法编制计列。对利率、汇率和价格等因素的变化，可按照风险合理分担的原则确定范围在合同中约定，约定范围内的不予调整。

6）基本预备费是指在建设期内超过工程总承包发包范围增加的工程费用，以及一般自然灾害处理、地下障碍物处理、超规超限设备运输等，发生时按照合同约定支付给总承包单位的费用。

7）价差预备费是指在建设期内超出合同约定风险范围外的利率、汇率或价格等因素变化而可能增加的，发生时按照合同约定支付给总承包单位的费用。

三、清单编制

1. 一般规定

工程总承包项目清单应由具有编制能力的招标人或受其委托、具有相应资质的工程造价咨询人编制。投标人应在项目清单上自主报价，形成价格清单。清单分为可行性研究或方案设计后清单、初步设计后清单。编制项目清单应依据：现行相关规范，经批准的建设规模、建设标准、功能要求、发包人要求。除另有规定和说明者外，价格清单应视为已经包括完成该项目所列（或未列）的全部工程内容。项目清单和价格清单列出的数量，不视为要求承包人实施工程的实际或准确的工程量。价格清单中列出的工程量和价格应仅作为合同约定的变更和支付的参考，不能用于其他目的。

2. 勘察、设计费清单

勘察、设计费清单应结合工程总承包范围确定列项（参见表 5-3）。招标人应根据工程总承包的范围按照表 5-3 规定的内容选列，但编码不得更改。

表 5-3 勘察、设计费清单

编码	项目名称	金额（元）	备注
0001	勘察费		
0002	设计费		
000201	方案设计费		
000202	初步设计费		
000203	施工图设计费		
000204	竣工图编制费		
	其他：		

投标人认为需要增加的有关设计费用，请在"其他"下面列明该项目的名称及金额（一切在报价时未报价的项目均被视为已包括在报价金额内）

3. 总承包其他费、暂列金额清单

总承包其他费、暂列金额清单应结合工程总承包范围确定列项（参见表 5-4），招标人应根据工程总承包的范围按照表 5-4 的内容选列，但编码不得更改。可以增列，也可以减少。总承包其他费项目可以详细列项，也可以几项合并列项。

表 5-4 总承包其他费、暂列金额清单

编码	项目名称	金额（元）	备注
0003	总承包其他费		
000301	研究试验费		
000302	土地租用、占道及补偿费		
000303	总承包管理费		
000304	临时设施费		
000305	招标投标费		
000306	咨询和审计费		
000307	检验检测费		
000308	系统集成费		
000309	财务费		
000310	专利及专用技术使用费		
000311	工程保险费		
000312	法律服务费		
	其他：		

投标人认为需要增加的有关项目，请在"其他"下面列明该项目的名称及金额（一切在报价时未报价的项目均被视为已包括在报价金额内）

0005	暂列金额		

4. 设备购置清单

设备购置清单应根据拟建工程的实际需求列项（参见表5-5和表5-6），招标人应根据工程项目编制设备购置清单，编码0004不得更改，具体设备在后两位顺序编码。设备购置项目清单应列出设备名称、品牌、技术参数或规格、型号、计量单位、数量等。

表5-5　设备购置项目清单

编码	设备名称	品牌	技术参数规格型号	计量单位	数量	单价/元	合价/元	备注
0004								
000401								
000402								

表5-6　备品备件项目清单

编码	备品备件名称	规格型号	单位	数量	单价/元	合价/元	备注

5. 建筑安装工程项目清单

建筑安装工程项目清单应按照附录规定的项目编码、项目名称、计量单位、计算规则进行编制。项目清单的计量单位应按附录中规定的计量单位确定，附录中有两个或两个以上计量单位的，应结合拟建工程项目的实际情况，同一工程项目，选择其中一个确定。项目清单中所列工程量应按附录中规定的计算规则计算。编制项目清单出现附录中未包括的项目，编制人应作补充。

（1）建筑安装工程清单项目编码应遵守以下规定

1）房屋建筑工程01：

① 可行性研究及方案设计后项目清单编码，采用01与2位阿拉伯数字表示，编码应按《房屋建筑和市政基础设施项目工程总承包计价计量规范（征求意见稿）》附录A.1的规定设置。

② 初步设计后清单项目编码，采用01×××与5位阿拉伯数字表示，编码应按《房屋建筑和市政基础设施项目工程总承包计价计量规范（征求意见稿）》附录A.2的规定设置。

2）市政工程02：

① 可行性研究后清单项目编码，采用02与2位阿拉伯数字表示，编码应按《房屋建筑和市政基础设施项目工程总承包计价计量规范（征求意见稿）》附录B.1的规定设置。

② 初步设计后清单项目编码，采用02×××与5位阿拉伯数字表示，编码应按《房屋建筑和市政基础设施项目工程总承包计价计量规范（征求意见稿）》附录B.2的规定设置。

3）轨道交通工程03：

① 可行性研究后清单项目编码，采用 03 与 2 位阿拉伯数字表示，编码应按《房屋建筑和市政基础设施项目工程总承包计价计量规范（征求意见稿）》附录 C.1 的规定设置。

② 初步设计后清单项目编码，采用 03×××与 5 位阿拉伯数字表示，编码应按《房屋建筑和市政基础设施项目工程总承包计价计量规范（征求意见稿）》附录 C.2 的规定设置。

（2）工程计量时每一项目汇总的有效位数应遵守下列规定

1）以"t""m""m^2""m^3""kg""L/s""m^3/d""T/d"为单位，应保留小数点后两位数字，第三位小数四舍五入。

2）以"个""件""根""组""系统""点位""座""套"为单位，应取整数。

（3）建筑安装工程项目清单表样式（表 5-7）

招标人应按《房屋建筑和市政基础设施项目工程总承包计价计量规范（征求意见稿）》附录的规定，按照不同的发包阶段编制建筑安装工程项目清单，规范中的编码不得更改。同一项目细分时，在同一编码项目下分列（如现浇混凝土，当混凝土强度等级不同时，在同一项目下分列 C25、C30……即可）。招标人在初步设计后编制项目清单，对于土石方工程、地基处理等无法计算工程量的项目，可以只列项目、不列工程量。但投标人应在投标报价时列出工程量。

表 5-7　建筑安装工程项目清单表

编码	项目名称及特征	单位	数量	单价	合价
	其他：				

投标人认为需要增加的项目，请在"其他"下面列明该项目的名称、内容及金额（一切在报价时未报价的项目均被视为已包括在报价金额内）

四、最高投标限价

1. 一般规定

国有资金投资的建设工程总承包项目招标，招标人应编制最高投标限价。最高投标限价应由具有编制能力的招标人或受其委托具有资质的工程造价咨询人编制和复核。工程造价咨询人接受招标人委托编制最高投标限价，不得再就同一工程接受投标人委托编制投标报价。招标人应在发布招标文件时公布最高投标限价。投标人的投标报价高于最高投标限价的，其投标报价应视为无效。

2. 编制与复核

（1）编制依据

1）《房屋建筑和市政基础设施项目工程总承包计价计量规范（征求意见稿）》

2）国家或省级、行业建设主管部门颁发的相关文件；

3）经批准的建设规模、建设标准、功能要求、发包人要求；

4）拟定的招标文件；

5）可行性研究及方案设计或初步设计；

6）与建设工程项目相关的标准、规范等技术资料；

7）其他的相关资料。

（2）工程总承包项目清单费用应按下列规定计列：

1）勘察费：根据不同阶段的发包内容，参照同类或类似项目的勘察费计列。

2）设计费：根据不同阶段的发包内容，参照同类或类似项目的设计费计列。

3）建筑安装工程费：在可行性研究或方案设计后发包的，按照现行的投资估算方法计列；初步设计后发包的按照现行的设计概算的方法计列；也可以采用其他计价方法编制计列，或参照同类或类似项目的此类费用并考虑价格指数计列。

4）设备购置费：应按照批准的设备选型，根据市场价格计列。批准采用进口设备的，包括相关进口、翻译等费用。

$$设备购置费 = 设备价格 + 设备运杂费 + 备品备件费$$

5）总承包其他费：根据建设项目在可行性研究、方案设计或初步设计后发包的不同要求和工作范围计列。

① 研究试验费：根据不同阶段的发包内容，参照同类或类似项目的研究试验费计列。

② 土地租用、占道及补偿费：参照工程所在地职能部门的规定计列。

③ 总承包管理费：可按财政部财建［2016］504 号附件 2 规定的项目建设管理费计算，按照不同阶段的发包内容调整计列；也可参照同类或类似工程的此类费用计列，见表 5-8。

④ 临时设施费：根据建设项目特点，参照同类或类似工程的临时设施计列，不包括已列入建筑安装工程费用中的施工企业临时设施费。

⑤ 招标投标费：参照同类或类似工程的此类费用计列。

⑥ 咨询和审计费：参照同类或类似工程的此类费用计列。

⑦ 检验检测费：参照同类或类似工程的此类费用计列。

表 5-8　项目建设管理费总额控制数费率表

工程总概算	费率（%）	算例	
		单位：万元	
		工程总概算	项目建设管理费
1000 以下	2	1000	1000×2%＝20
1001~5000	1.5	5000	20+（5000-1000）×1.5%＝80
5001~10000	1.2	10000	80+（10000-5000）×1.2%＝140
10001~50000	1	50000	140+（50000-10000）×1%＝540
50001~100000	0.8	100000	540+（100000-50000）×0.8%＝940
1000000 以上	0.4	200000	940+（200000-100000）×0.4%＝1340

⑧ 系统集成费：参照同类或类似工程的此类费用计列。

⑨ 财务费：参照同类或类似工程的此类费用计列。

⑩ 专利及专有技术使用费：按专利使用许可或专有技术使用合同规定计列，专有技术以省、部级鉴定批准为准。

⑪ 工程保险费：按照选择的投保品种，依据保险费率计算。

⑫ 法律服务费：参照同类或类似工程的此类费用计列。

6）暂列金额：根据不同阶段的发包内容，参照现行的投资估算或设计概算计列。

五、投标报价

1. 一般规定

投标价应由投标人或受其委托具有相应资质的工程造价咨询人编制。投标人应依据招标文件，根据本企业专业技术能力和经营管理水平自主决定报价。但投标报价不得低于工程成本。投标人应认真阅读招标文件，如发现对招标文件有疑问的或有可能影响报价的地方不清楚的，应按照招标文件的规定，在投标截止之日前提请招标人澄清。

2. 编制与复核

（1）编制和复核依据

1）《房屋建筑和市政基础设施项目工程总承包计价计量规范（征求意见稿）》

2）国家或省级、行业建设主管部门颁发的相关文件；

3）招标文件、补充通知、招标答疑；

4）经批准的建设规模、建设标准、功能要求、发包人要求以及可行性研究、方案设计或初步设计；

5）与建设项目相关的标准、规范等技术资料；

6）市场价格信息或本企业积累的同类或类似工程的价格；

7）其他的相关资料。

（2）其他注意事项

1）招标人在初步设计图纸后招标的，若投标人发现招标图纸和项目清单有不一致，投标人应依据招标图纸按下列规定进行投标报价。

① 如项目有不一致，有增加的，列在章节后"其他"项目中；有减少的，在项目清单对应位置填写"零"。

② 如内容描述有不一致，依据招标图纸报价，将不一致的地方予以说明。

③ 如项目工程量有不一致，投标人应在原项目下填写新的数量。

④ 如投标人的做法与项目清单中描述的不一致，投标人应在原做法下填写新做法，并报价，但原内容不能删除，对应价格位置应填写"零"。

2）项目清单中需要填写的规格、品牌等项目，需要投标人根据自行的报价依据进行填写，如该规格、品牌与品牌建议表中不符的，应予以明示。项目清单中以"项"报价的金额为总价包干金额。

3）项目清单中列明的所有需要填写单价和合价项目，投标人均应填写且只允许有一个报价。未填写的项目，视为此项目的费用已包含在其他项目单价和合价中。投标总价应当与勘察费、设计费、建筑安装工程费、设备购置费、总承包其他费、暂列金额的合计金额一致。

六、评标定价和签约合同价

1. 评标定价

总承包项目评标时，应对投标报价进行认真评审，发现有疑问的，应要求投标人予以书面澄清。总承包项目评标时，应对投标人更改项目清单数量、增加或减少了的项目的合理性、技术经济性进行认真评审，做出是否采纳的判断，如否决的应说明理由。在评标过程中经清标发现投标报价有算术错误的，应按以下原则对投标报价进行修正，修正的价格经投标人书面确认后具有约束力。投标人不接受修正价格的，评标委员会应当否决其投标。

1）投标文件中的大写金额与小写金额不一致的，以大写金额为准。

2）总价金额与依据单价计算出的结果不一致的，以单价金额为准修正总价，但单价金额小数点有明显错误的除外。

2. 合同价款的约定

1）依法必须招标的项目，发承包双方应在中标通知书发出之日起 30 日内，依据招标文件和投标文件的实质性条款签署书面协议。招标文件与投标文件不一时，以投标文件为准。

2）依法可以不招标的项目，发承包双方可通过谈判等方式自主确定合同条款。

3）发承包双方应在合同中约定如下条款：

① 勘察费、设计费、设备购置费、总承包其他费的总额、分解支付比例及时间；

② 建筑安装工程费计量的周期及工程进度款的支付比例或金额及支付时间；

③ 设计文件提交发包人审查的时间及时限；

④ 合同价款的调整因素、方法、程序、支付及时间；

⑤ 竣工结算价款编制与核对、支付及时间；

⑥ 提前竣工的奖励及误期赔偿的额度；

⑦ 质量保证金的比例或数额、预留方式及缺陷责任期；

⑧ 违约责任以及争议解决方法；

⑨ 与合同履行有关的其他事项。

4）承包人应在合同生效后 15 天内，编制工程总进度计划和工程项目管理及实施方案报送发包人审批。工程总进度计划和工程项目管理及实施方案应按工程准备、勘察、设计、采购、施工、初步验收、竣工验收、缺陷修复和保修等分阶段编制详细细目，作为控制合同工程进度以及工程款支付分解的依据。

5）除合同另有约定外，承包人应根据项目清单的价格构成、费用性质、计划发生时间和相应工作量等因素，按照以下分类和分解原则，结合约定的合同进度计划，形成支付分解报告，填写分解表，见表 5-9。

6）承包人应当在收到经发包人批准的合同进度计划后 7 天内，将支付分解报告以及形成支付分解报告的支持性资料报发包人审批，发包人应在收到承包人报送的支付分解报告后 7 天内予以批准或提出修改意见，经发包人批准的支付分解报告为有合同约束力的支付分解表。合同进度计划修订的，应相应修改支付分解表，并报发包人批准。

表 5-9　合同价款支付分解表

工程名称：

	项目名称	分项总金额/元	首次支付	二次支付	三次支付	四次支付	五次支付
0001	勘察费						
0002	设计费						
000201	方案设计费						
000202	初步设计费						
000203	施工图设计费						
000204	竣工图编制费						
0003	总承包其他费						
0004	设备购置费						
00××	建筑安装工程费						
合计							

注：1. 本表由承包人在投标报价时根据发包人在招标文件明确的进度款支付周期与报价填写，签订合同时，发承包双方可就支付分解协商调整后作为合同附件。

2. 建筑安装工程费，"支付"栏时间应与约定的工程计量周期相同

① 勘察费，按照勘察成果文件的时间，进行支付分解。

② 设计费，按照提供设计阶段性成果文件的时间、对应的工作量进行支付分解。

③ 总承包其他费，按照项目清单中的费用，结合约定的合同进度计划拟完成的工程量或者比例进行分解。

④ 设备购置费，按订立采购合同、进场验收、安装就位等阶段约定的比例进行支付分解。

⑤ 建筑安装工程费，宜按照合同约定的工程进度计划对应的工程形象进度节点和对应比例进行分解。

七、合同价款调整与索赔

1. 合同价款调整

1）基准日期后，因国家的法律、法规、规章、政策和标准、规范发生变化引起工程造价变化的，应调整合同价款。

2）因发包人变更建设规模、建设标准、功能要求和发包人要求的，应按照下列规定调整合同价款：

① 价格清单中有适用于变更工程项目的，应采用该项目的单价；

② 价格清单中没有适用但有类似于变更工程项目的，可在合理范围内参照类似项目的单价；

③ 价格清单中没有适用也没有类似于变更工程项目的，应由承包人根据变更工程资料、计量规则，通过市场调查等取得有合法依据的市场价格提出变更工程项目的单价，并报发包人确认后调整。

3）采用计日工计价的任何一项变更工作，在实施过程中，承包人应按合同约定提交下列报表和有关凭证送发包人复核：

① 工作名称、内容和数量；

② 投入该工作所有人员的姓名、工种、级别和耗用工时；

③ 投入该工作的材料名称、类别和数量；

④ 投入该工作的施工设备型号、台数和耗用台时；

⑤ 发包人要求提交的其他资料和凭证。

任一计日工项目持续进行时，承包人应在该项工作实施结束后的 24 小时内向发包人提交有计日工记录汇总的签证报告一式三份。发包人在收到承包人提交签证报告后的 2 天内予以确认并将其中一份返还给承包人，作为计日工计价和支付的依据。调整合同价款，列入进度款支付。发包人逾期未确认也未提出修改意见的，应视为承包人提交的签证报告已被发包人认可。

4）因人工、主要材料价格波动超出合同约定的范围，影响合同价格时，根据合同中约定的价格指数和权重表（表 5-10），按下式计算差额并调整合同价款：

$$\Delta P = P_0 \left[A + \left(B_1 \times \frac{F_{t1}}{F_{01}} + B_2 \times \frac{F_{t2}}{F_{02}} + B_3 \times \frac{F_{t3}}{F_{03}} + \cdots + B_n \times \frac{F_{tn}}{F_{0n}} \right) - 1 \right]$$

式中
ΔP——需调整的价格差额；

P_0——约定的付款证书中承包人应得到的已完成工程量的金额。此项金额应不包括价格调整、不计质量保证金的扣留和支付、预付款的支付和扣回。约定的变更及其他金额已按现行价格计价的，也不计在内；

A——定值权重（即不调部分的权重）；

B_1、B_2、B_3、$\cdots$、B_n——各可调因子的变值权重（即可调部分的权重），为各可调因子在投标函投标总报价中所占的比例；

F_{t1}、F_{t2}、F_{t3}、$\cdots$、F_{tn}——各可调因子的现行价格指数，指约定的付款证书相关周期最后一天的前 42 天的各可调因子的价格指数；

F_{01}、F_{02}、F_{03}、…、F_{0n}——各可调因子的基本价格指数，指基准日期的各可调因子的价格指数。

① 暂时确定调整差额。在计算调整差额时得不到现行价格指数的，可暂用上一次价格指数计算，并在以后的付款中再按实际价格指数进行调整。

② 权重的调整。约定的变更导致原定合同中的权重不合理时，由承包人和发包人协商后进行调整。

③ 承（发）包人工期延误后的价格调整。由于承（发）包人原因未在约定的工期内竣工的，对原约定竣工日期后继续实施的工程，应采用原约定竣工日期与实际竣工日期的两个价格指数中较低（高）的一个作为现行价格指数。

5）发承包双方应在合同中约定了提前竣工每日历天补偿额度的，此项费用应作为增加合同价款列入竣工结算文件中，与结算款一并支付。

6）合同工程发生误期，承包人应赔偿发包人由此造成的损失，并按照合同约定的额度向发包人支付误期赔偿费。误期赔偿费应列入竣工结算文件中，在结算款中扣除。即使承包人支付误期赔偿费，也不能免除承包人按照合同约定应承担的任何责任和应履行的任何义务。

表 5-10　价格指数权重表

工程名称：

序号	名称		变值权重 B			基本价格指数 F_0		现行价格指数 F_t		备注
			代号	范围	建议	代号	指数	代号	指数	
	变值部分	人工费	$B1$	__至__		F_{01}		F_{t1}		
		钢材	$B2$	__至__		F_{02}		F_{t2}		
		水泥	$B3$	__至__		F_{03}		F_{t3}		
		商品混凝土	$B4$	__至__		F_{04}		F_{t4}		
	定值部分权重 A									
	合计		1			—		—		

注：1. "名称""基本价格指数"栏由招标人填写，基本价格指数应首先采用工程造价管理机构发布的价格指数，没有时，可采用发布的价格代替。

2. "变值权重"由投标人根据该项人工、材料价值在投标总报价中所占的比例填写，1减去其比例为定值权重。

3. "现行价格指数"按约定的付款证书相关周期最后一天的前42天的各项价格指数填写，该指数应首先采用工程造价管理机构发布的价格指数，没有时，可采用发布的价格代替

2. 索赔

（1）索赔程序

当合同一方向另一方提出索赔时，应有正当的索赔理由和有效证据，并应符合合同的相关约定。合同约定范围内的工作需国家有关部门审批的，发包人和（或）承包人应按照合同约定的职责分工完成行政审批报送。因国家有关部门审批迟延造成费用增加和（或）工

期延误的，由发包人承担。根据合同约定，承包人认为非承包人原因发生的事件造成了承包人的损失，应按下列程序向发包人提出索赔：

1）承包人应在知道或应当知道索赔事件发生后 28 天内，向发包人提交索赔意向通知书，说明发生索赔事件的事由。承包人逾期未发出索赔意向通知书的，丧失索赔的权利。

2）承包人应在发出索赔意向通知书后 28 天内，向发包人正式提交索赔通知书。索赔通知书应详细说明索赔理由和要求，并应附必要的记录和证明材料。

3）索赔事件具有连续影响的，承包人应继续提交延续索赔通知，说明连续影响的实际情况和记录。

4）在索赔事件影响结束后的 28 天内，承包人应向发包人提交最终索赔通知书，说明最终索赔要求，并应附必要的记录和证明材料。

（2）承包人索赔应按下列程序处理

1）发包人收到承包人的索赔通知书后，应及时查验承包人的记录和证明材料。

2）发包人应在收到索赔通知书或有关索赔的进一步证明材料后的 28 天内，将索赔处理结果答复承包人，如果发包人逾期未作出答复，视为承包人索赔要求已被发包人认可。

3）承包人接受索赔处理结果的，索赔款项应作为增加合同价款，在当期进度款中进行支付；承包人不接受索赔处理结果的，应按合同约定的争议解决方式办理。

4）承包人要求赔偿时，可以选择下列一项或几项方式获得赔偿：

① 延长工期；

② 要求发包人支付实际发生的额外费用；

③ 要求发包人支付合理的预期利润；

④ 要求发包人按合同的约定支付违约金。

5）当承包人的费用索赔与工期索赔要求相关联时，发包人在做出费用索赔的批准决定时，应结合工程延期，综合做出费用赔偿和工程延期的决定。

6）发承包双方在按合同约定办理了竣工结算后，应被认为承包人已无权再提出竣工结算前所发生的任何索赔。承包人在提交的最终结清申请中，只限于提出竣工结算后的索赔，提出索赔的期限应自发承包双方最终结清时终止。

7）根据合同约定，发包人认为由于承包人的原因造成发包人的损失，宜按承包人索赔的程序进行索赔。发包人要求赔偿时，可以选择下列一项或几项方式获得赔偿：

① 延长质量缺陷修复期限；

② 要求承包人支付实际发生的额外费用；

③ 要求承包人按合同的约定支付违约金。

8）承包人应付给发包人的索赔金额可从拟支付给承包人的合同价款中扣除，或由承包人以其他方式支付给发包人。

八、工程结算与支付

1. 预付款

1）发包人支付承包人预付款的比例不得低于签约合同价（扣除暂列金额）的 10%，不宜高于签约合同价（扣除暂列金额）的 30%。

2）承包人应按合同约定向发包人提交预付款支付申请。发包人应在收到支付申请的 7

天内进行核实，向承包人发出预付款支付证书，并在签发支付证书后的 7 天内向承包人支付预付款。

3）预付款应从每一个支付期应支付给承包人的工程进度款中扣回，直到扣回的金额达到发包人支付的预付款金额为止。

2. 期中结算与支付

1）发承包双方应按照合同约定的时间、程序和方法，办理期中价款结算，支付进度款。

2）勘察费应根据勘察工作进度，按约定的支付分解进行支付，勘察工作结束经发包人确认后，发包人应全额支付勘察费。

3）设计费应根据分阶段出图的进度，按约定的支付分解进行支付，设计文件全部完成经发包人审查确认后，发包人应全额支付设计费。

4）建筑安装工程进度款支付周期应与合同约定的形象进度节点计量周期一致。承包人应在每个计量周期计量后的 7 天内向发包人提交已完工程进度款支付申请，份数应满足合同要求。支付申请应详细说明此周期认为应得的款额，包括承包人已达到形象进度节点所需要支付的价款。承包人按照合同约定调整的价款和得到发包人确认的索赔金额应列入本周期应增加的金额中。

5）设备采购前，承包人应将采购的设备名称、品牌、技术参数或规格、型号等报送发包人，经发包人认可后采购，发包人验收合格后应全额支付设备购置费。

6）总承包其他费应按合同约定的支付分解的金额、时间支付。

7）发包人应在收到承包人进度款支付申请后的 14 天内，根据形象进度和合同约定对申请内容予以核实，确认后向承包人支付进度款。发包人未按照约定支付进度款的，承包人可催告发包人支付，并有权获得延迟支付的利息；发包人在付款期满后的 7 天内仍未支付的，承包人可在付款期满后的第 8 天起暂停施工。发包人应承担由此增加的费用和（或）延误的工期，向承包人支付合理利润，并承担违约责任。

3. 竣工结算与支付

竣工结算价为扣除暂列费用后的签约合同价加（减）合同价款调整和索赔。合同工程完工后，承包人应在提交竣工验收申请时向发包人提交竣工结算文件。发包人应在收到承包人提交的竣工结算文件后的 28 天内审核完毕。发包人经核实，认为承包人还应进一步补充资料和修改结算文件，应在上述时限内向承包人提出核实意见，承包人在收到核实意见后的 14 天内按照发包人提出的合理要求补充资料，修改竣工结算文件，并再次提交给发包人复核后批准。发包人应在收到承包人再次提交的竣工结算文件后的 28 天内予以复核，并将复核结果通知承包人。

发包人在收到承包人竣工结算文件后的 28 天内，不审核竣工结算或未提出审核意见的，视为承包人提交的竣工结算文件已被发包人认可，竣工结算办理完毕。承包人在收到发包人提出的核实意见后的 28 天内，不确认也未提出异议的，视为发包人提出的核实意见已被承包人认可，竣工结算办理完毕。

发包人委托造价咨询人审核竣工结算的，工程造价咨询人应在 28 天内审核完毕，审核结论与承包人竣工结算文件不一致的，应提交给承包人复核，承包人应在 14 天内将同意审核结论或不同意见的说明提交工程造价咨询人，工程造价咨询人收到承包人提出的异议后，应再次复核，承包人逾期未提出书面异议，视为工程造价咨询人审核的竣工结算文件已经承包人认可。

承包人应根据办理的竣工结算文件，向发包人提交竣工结算款支付申请。该申请应包括下列内容：竣工结算总额，已支付的合同价款，应扣留的质量保证金，应支付的竣工付款金额。

发包人应在收到承包人提交竣工结算款支付申请后 7 天内予以核实，向承包人支付结算款。发包人未按照约定支付竣工结算款的，承包人可催告发包人支付，并有权获得延迟支付的利息。竣工结算核实后 56 天内仍未支付的，除法律另有规定外，承包人可与发包人协商将该工程折价，也可直接向人民法院申请将该工程依法拍卖。承包人就该工程折价或拍卖的价款优先受偿。

4. 质量保证金

承包人未按照合同约定履行属于自身责任的工程缺陷的修复义务的，发包人有权从质量保证金中扣除用于缺陷修复的各项支出。在合同约定的缺陷责任期终止后的 14 天内，发包人应将剩余的质量保证金返还给承包人。剩余质量保证金的返还，并不能免除承包人按照法律法规规定和（或）合同约定应承担的质量保修责任和应履行的质量保修义务。

5. 最终结清

承包人应按照合同约定的期限向发包人提交最终结清支付申请。发包人对最终结清支付申请有异议的，有权要求承包人进行修正和提供补充资料。承包人修正后，应再次向发包人提交修正后的最终结清支付申请。发包人应在收到最终结清支付申请后的 14 天内予以核实，向承包人支付最终结清款。若发包人未在约定的时间内核实，又未提出具体意见的，视为承包人提交的最终结清支付申请已被发包人认可。发包人未按期最终结清支付的，承包人可催告发包人支付，并有权获得延迟支付的利息。承包人对发包人支付的最终结清款有异议的，按照合同约定的争议解决方式处理。

九、计价风险

承包人复核发包人的要求，发现错误的，应及时书面通知发包人。发包人作相应修改的，按照变更调整；发包人不做修改的，应承担由此导致承包人增加的费用和（或）延误的工期以及合理利润。承包人未发现发包人要求中存在错误的，承包人自行承担由此增加的费用和（或）延误的工期，合同另有约定的除外。

无论承包人发现与否，在任何情况下，发包人要求中的下列错误导致承包人增加的费用和（或）延误的工期，由发包人承担，并向承包人支付合理利润。

1）发包人要求中不可变的数据和资料；

2）对工程或其他任何部分的功能要求；

3）试验和检验标准；

4）除合同另有约定外，承包人无法核实的数据和资料。

承包人文件中出现的错误、遗漏、含糊、不一致、不适当或其他缺陷，即使发包人做出了同意或批准，承包人仍应进行整改，并承担相应费用。除合同另有约定外，合同价款包括承包人完成全部义务所发生的费用（包括根据暂列金额所承担的义务），以及为工程设计、实施和修补任何缺陷所需的全部费用。除合同另有约定外，承包人应视为承担任何风险意外所产生的费用。

真题演练

1. （单选）下列工程总承包类型中，总承包商需要履行试运行工作职责的是（　　）。

A. 设计采购施工总承包　　　　　　　　B. 设计—施工总承包

C. 采购—施工总承包　　　　　　　　　D. 设计—采购总承包

2. （单选）下列发承包双方在约定调整合同价款的事项中属于工程变更的是（　　）。

A. 工程量清单缺项　　　　　　　　　　B. 不可抗力

C. 物价波动　　　　　　　　　　　　　D. 提前竣工

3. （单选）推行全过程工程咨询，是一种（　　）的主要体现。

A. 传统项目管理转变为技术经济分析

B. 将传统碎片咨询转变为集成化咨询

C. 将实施咨询转变为投资决策咨询

D. 造价专项咨询转为整体项建设工程项目管理

4. （多选）下列条件下的建设工程，其施工承包合同适合采用成本加酬金方式确定合同价的有（　　）。

A. 工程建设规模小　　　　　　　　　　B. 施工技术特别复杂

C. 工期较短　　　　　　　　　　　　　D. 紧急抢险项目

E. 施工图设计还有待进一步深化

5. （多选）下列项目费用项目，属于征地补偿费的有（　　）。

A. 拆迁补偿金　　　　　　　　　　　　B. 安置补偿费

C. 地上附着物补偿费　　　　　　　　　D. 迁移补偿费

E. 土地管理费

模块6
项目全过程工程咨询

思维导图

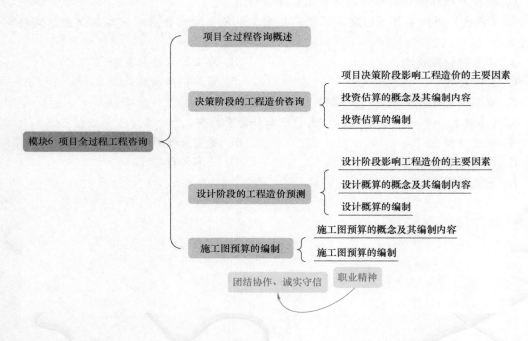

学习目标

1. 了解决策阶段影响工程造价的主要因素及投资估算的编制；
2. 了解设计阶段影响工程造价的主要因素；
3. 熟悉设计概算的编制；
4. 掌握施工图预算的编制；
5. 掌握发承包阶段合同价款的确定。

思政园地

中国现代工程管理典型实践案例——上海中心大厦

上海中心大厦是世界超高层建筑技术的集大成之作。它 118 层，高达 632m，超过了金茂大厦和环球金融中心，成为上海当之无愧的新地标。这座大楼能容纳 4 万人，2000 辆车，是当之无愧的"垂直城市"。它吸引了全世界的目光，但它最大的难点却来自人们看不到的地方——几十米深的地下。

上海中心大厦的总重达到了 80 万 t，重量甚至超过了环球金融中心和金茂大厦的总和。想要让这样一座建筑屹立在上海滩上，无论台风、地震和岁月的侵蚀都不会倒塌，不会歪斜，甚至连稍稍偏移一点也不行，这技术难度可想而知。为了应对这种复杂的土层，工程师们采用了技术难度很高的桩筏基础。所谓桩筏基础，是先将几十米长的桩深深地打进土层里，再在上面浇筑一层厚厚的筏形底板。即使土层很软弱，几十米长的桩也会像钢钉一样紧紧地锁死土层，固定住建筑；再在上面安置一层又厚又硬的筏板，整个建筑就稳定了下来。对于上海中心大厦而言，筏板的厚度达到了 6m，相当于一座二层楼的高度，而这其中都是满满当当的钢筋混凝土。桩筏基础依靠打进土中的深桩和顶部的筏板共同受力，最大限度地保证稳定。

大体积浇筑混凝土是当时的难题，为了解决这一问题，工程师们设计了复杂的浇筑步骤。技术的核心在于，要在 60 个小时内将整个底板浇筑完成。这意味着，每秒钟就要有一头牛那么重的混凝土倾泻到底板上。过程中只要出现一处差错，都会导致整场"战役"的失败。为了"打赢这场仗"，上海市调动了全城 80% 的搅拌车，将混凝土从全城各处的搅拌站运往工地。在持续工作了 60 个小时后，大底板浇筑成功，这是只有中国工程师才能做到的事情。

从顶部看，上海中心大厦的外形好似一个吉他拨片，随着高度的升高，每层扭曲近 1°。这种设计能够延缓风流。风环绕建筑时会形成涡旋脱落效应，导致摩天楼剧烈摇晃。对按比例缩小的模型进行风洞测试后发现，这种外形设计能够将侧力减少 24%，这对于经常经受台风考验的上海建筑来说至关重要。在上海中心大厦中，创造性地使用了双层玻璃幕墙，内层是圆形，外层则为圆三角，设计非常美观。这是世界上首次在超高层建筑安装 14 万 m^2 柔性幕墙，难度系数在幕墙界堪称世界之最。但它的作用可不仅仅是美观。除了遮风挡雨、保温隔热、降低能耗外，它还有一个更为重要的任务——保障大楼内 24 座空中花园的运转。这些空中花园既要能够接受外部阳光，又要隔绝恶劣的天气，实施起来难度不小。上海中心大厦外幕墙采用 120° 旋转向上收分的设计形成 V 形导风槽，可将一部分风力导出转移，令整座大楼可承受超过 50m/s 的风速，相当于可抗 15 级台风。

上海中心大厦是一个体量巨大的综合体，是一个微型生态智慧城市。它包括四个核心内容：垂直社区、绿色社区、文化社区和智慧社区。其中，绿色社区的理念是上海中心大厦的核心。绿色，首先体现在对土地资源的节约上。在 3 万 m^2 的土地上建造 57 万 m^2 的大楼，节约出来的土地可以用作农田，可以植树造林。一栋大楼里有酒店、有商业区、有写字楼，甚至还有 24 个空中花园，无论是业务往来还是休闲娱乐，人们不需要离开大楼就可以完成生活所需的几乎所有事情，直接减少了城市交通的压力。垂直城市节约了大量的土地成本和交通成本。上海多雨，因此大楼的屋顶和周围的地表都安装有雨水收集系统。这些水经过处理后就成为"中水"，可以用与绿化的浇灌、卫生间的冲洗和地坪清洁。这些水的利用量达到了大厦总用水量的25%。上海还多风，因此上海中心大厦上还安装了风力发电，有效地利用了上海上空600m的风来造福居民。大厦还采用了地源热泵，利用地下的恒温，夏天给大楼降温，冬天帮大楼取暖。

【谈一谈】

看完以上课程思政背景案例，你有哪些触动？

请结合本案例谈谈你知道的绿色建造技术。你知道碳中和和碳达峰的概念吗？谈谈碳中和和碳达峰的重要意义。

【课程引导】

在第一章我们就给大家介绍了每个项目都是一个整体，有它的生命周期，那作为一名造价工程师应该如何做好工程项目的全生命周期的管理呢？这一章我们将学习工程项目全过程工程咨询。

单元1　项目全过程工程咨询概述

一、全过程工程咨询含义

全过程工程咨询采用多种服务方式组合，为项目决策、实施和运营持续提供局部或整体解决方案以及管理服务。全过程工程咨询是智力型服务，运用多学科知识和经验、现代科学技术和管理办法，遵循独立、科学、公正的原则，为建设单位的建设工程项目投资决策与实施提供咨询服务，以提高宏观和微观经济效益。全过程工程咨询是指建设单位根据工程项目特点和自身需求，把全过程工程咨询作为优先采用的建设工程组织管理方式，将项目建议书、可行性研究报告编制、项目实施总体规划、报批报建管理、合约管理、勘察管理、设计优化、工程监理、招标、造价控制、验收移交、配合审计等全部或部分业务一并委托给一个企业进行专业化咨询和服务的活动，如图6-1所示。

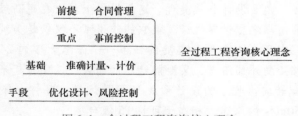

图6-1　全过程工程咨询核心理念

二、全过程工程咨询业务范围

建设项目全过程造价咨询可划分为决策、设计、发承包、实施与竣工五个阶段。建设项目全过程造价咨询可涵盖以上建设项目的全部阶段或至少包含施工阶段在内的某一阶段或多个阶段。划分的造价咨询阶段仅为便于明确各环节的工程造价咨询业务内容，而建设项目全过程造价咨询各阶段的咨询业务应为有机整体，并不存在严格意义上的分阶段划分，如发承包阶段的招标咨询业务也有可能在实施阶段中进行。

全过程工程咨询业务范围具体如下：

1）投资估算的编制与审核。

2）经济评价的编制与审核。

3）设计概算的编制、审核与调整。

4）施工图预算的编制与审核。

5）方案比选、限额设计、优化设计的造价咨询。

6）建设项目合同管理。

7）工程量清单与最高投标限价（即招标控制价）的编制或审核。

8）工程计量支付的确定，审核工程款支付申请，提出资金使用计划建议。

9）询价与核价。

10）施工过程的工程变更、工程签证和工程索赔的处理。

11）提出设计和施工方案的优化建议，以及各方案对应工程造价编制与比选。

12）竣工结算的编制与审核。

13）竣工决算的编制与审核。

14）建设项目后评价。

15）工程造价信息咨询。

16）其他工程造价咨询工作。

三、全过程工程造价咨询企业要求

1. 一般要求

1）承担全过程工程咨询企业应当具有与工程规模和委托公证内容相适应的工程设计、工程监理、造价咨询的一项或多项资质，全过程工程咨询实行项目责任制。

2）承担建设项目全过程造价咨询业务应树立以工程成本动态控制、价值创造为核心的咨询服务理念，发挥造价管控在项目管理中的核心作用。在建设项目决策、设计、发承包、实施、竣工的不同阶段，应符合国家现行有关标准的规定，应依据相关标准规范和项目具体要求编制工程造价咨询成果文件。

3）承担建设项目全过程造价咨询业务应签订工程造价咨询合同，推荐选择《建设工程造价咨询合同（示范文本）》签订工程造价咨询合同。合同中应明确工程造价咨询业务的内容、范围、成果文件表现形式、双方的权利义务等。

4）承担建设项目全过程造价咨询业务的企业应按照合同的要求，对合同中涉及的投资估算、设计概算、施工图预算、合同价、竣工结算等服务内容实施全过程和全方位造价控制。

5）工程造价咨询企业承担全过程造价咨询业务时应关注各阶段工程造价的关系，以设计概算不突破投资估算、施工图预算和结算不突破设计概算为原则对工程造价实施全方位控制。若发生偏离，工程造价咨询企业应及时向委托人反馈并建议采取相应的控制措施。

6）工程造价咨询企业应按委托咨询合同要求出具成果文件，并应在成果文件或需其确认的相关文件上签章，承担合同主体责任。工程造价专业人员应在其完成的相应成果文件上签章，承担相应责任。

7）工程造价咨询企业以及承担工程造价咨询业务的工程造价专业人员，不得同时接受具有利害关系的双方或多方委托进行同一项目、同一阶段的工程造价咨询业务。

8）当委托人委托多个工程造价咨询企业共同承担大型或复杂建设项目咨询业务时，委托人应明确全过程造价咨询企业作为咨询业务主要承担单位，并应由其负责总体规划、统一标准、阶段部署、资料汇总等综合性工作；其他单位应按合同要求负责其所承担的具体工作。

9）工程造价咨询企业承担全过程造价咨询业务时应关注各阶段工程造价的关系，以设计概算不突破投资估算，施工图预算和结算不突破设计概算为原则对工程造价实施全方位控制。若发生偏离，工程造价咨询企业应及时向委托人反馈并建议采取相应的控制措施。

2. 组织管理

对于大型或复杂建设项目，工程造价咨询企业应根据合同约定和项目情况，编制全过程造价咨询工作大纲。此外，无论是否需要编制全过程造价咨询工作大纲，工程造价咨询企业对于所承担的咨询项目，应编制指导自身全过程造价咨询业务开展的实施方案。工作大纲应包括项目概况、咨询业务范围、工程造价确定与控制的总体思路、项目组织架构、工作进度、人员安排、风险管理、合同管理、信息管理、档案管理、质量管理、重点和难点分析、客户回访等内容。

工程造价咨询企业应建立有效的内部组织管理和外部组织协调体系，具体内容如下：

1）内部组织管理体系应包括：承担咨询项目的管理模式、企业各级组织管理的职责与分工、现场管理和非现场管理的协调方式，项目负责人和各专业负责人的职责等。

2）外部组织协调体系应以工程造价咨询合同约定的服务内容为核心，明确协调和联系人员，在确保工程项目参与各方权利与义务的前提下，协调与建设项目参与各方的关系，促进项目的顺利实施。

工程造价咨询企业应按照合同要求编制工作进度计划。其中咨询成果文件提交时应参照行业相关标准、满足建设项目总体进度要求，并与项目总体进度相协调。

3. 质量管理

1）工程造价咨询企业应针对全过程造价咨询业务特点，建立完善的内部质量管理体系，并通过流程控制、企业标准等措施保证咨询成果文件质量。

2）工程造价咨询企业提交的各类成果文件应由编制人编制，并应由审核人和审定人复核。

3）编制人应对所收集的工程计量、计价基础资料和编制依据的全面性、真实性和适用性负责，并按合同要求编制工程造价咨询成果文件，整理工作过程文件。

4）审核人应审核相关工程造价咨询成果文件的完整性、有效性与合规性；审核编制人使用工程计量、计价基础资料和编制依据的全面性、真实性和适用性，并对编制人的工作成果按照一定比例进行抽查和复核，完善工程造价咨询成果文件及工作过程文件。

5）审定人应审定相关工程造价咨询成果文件的完整性、有效性与合规性；审定编制人及审核人所使用工程计量、计价基础资料和编制依据全面性、真实性和适用性，并依据工程经济指标进行工程造价的合理性分析，对成果文件质量进行整体控制。

6）工程造价咨询企业应核对委托人提供的工程造价咨询相关资料，及时向委托人反映相关资料存在的缺陷，并要求委托人对其补充和完善。

7）工程造价咨询成果文件应符合现行国家和行业有关标准规定。如委托人对质量标准要求高于现行国家或行业有关标准规定的，应在工程造价咨询合同中予以明确，工程造价咨询企业应根据合同约定采取相关质量保证措施，并在咨询合同金额中综合考虑相应费用。

8）工程造价咨询企业应根据工作大纲，定期或不定期对其咨询工作进行回访，听取委托人的评价意见，并结合本企业的质量保证体系进行总结完善。

4. 风险管理

1）工程造价咨询企业应依据自身资质等级、技术能力、人员配置情况，对拟承接的全过程造价咨询业务的服务周期、质量要求、市场状况及收费标准等风险因素进行综合评估，以判断是否承接相关业务。

2）工程造价咨询企业应通过提高咨询人员业务能力、风险意识、法律意识、职业操守等相应措施，防范专业服务风险、职业道德风险和企业内部管理风险。

3）工程造价咨询企业应根据委托要求进行建设项目全过程造价风险管理，关注项目决策、设计、发承包、实施及竣工各阶段可能发生的风险，对涉及人为、经济、自然灾害等诸多方面的风险因素进行分析并提出合理化建议。工程造价咨询企业应配合委托人参与建设项目造价的确定与控制以及合同管理中可能出现的相关风险管理，分析建设项目各阶段可能存在的影响工程造价变化的因素，提出可采取的针对性、合理性措施和建议。重点关注合同文件、建设条件、人工及设备材料价格、质量、进度、施工措施、汇率、自然灾害等风险因素。工程造价咨询企业应对于已经发生影响工程造价的风险事件进行分析与评估，为处理风险事件、工程索赔等问题提出合理建议，降低风险损失，避免因风险造成损失扩大。

5. 信息管理

1）工程造价咨询企业信息管理对象包括工程造价数据库管理和工程计量与计价工具软件管理。工程造价咨询企业应利用计算机及互联网通信技术将信息管理贯穿造价咨询服务全过程。

2）工程造价咨询企业应依据合同要求整理分析各阶段工程造价咨询成果文件，以及所涉及的工程造价信息资料，并将其纳入企业信息数据库。工程造价咨询企业的信息库包括：工程造价管理机构发布的造价信息和以工程造价咨询企业经过调研所掌握的人工、材料、机械、设备等价格信息为内容的价格数据库、各类工程案例分析和工程造价指标数据库。工程造价咨询企业建立的数据库可用于类似项目工程造价的确定与控制。

6. 档案管理

1）工程造价咨询企业应按国家现行有关档案管理及标准的规定，建立档案收集制度、统计制度、保密制度、借阅制度、库房管理制度及档案管理人员守则。工程造价咨询档案可分为成果文件和过程文件两类。成果文件应包括：工程造价咨询企业出具的投资估算、设计概算、施工图预算、工程量清单、最高投标限价、工程计量与支付、竣工结算编制与审核报告、竣工决算编制与审核报告等。过程文件应包括：编制、审核和审定人员的工作底稿、相关电子文件等。

2）工程造价咨询档案的保存期应符合国家和合同等相关规定，且不应少于 5 年。

3）工程造价咨询企业的档案管理工作包括：归档工程造价咨询成果文件、过程文件和其他文件；组织并制定工程造价咨询业务过程中所借阅和使用的各类设计文件、施工合同文件、竣工资料等可追溯性资料的文件目录，文件目录应由项目负责人审定后归档；记录工程造价咨询档案的接收、借阅和送还。

四、全过程工程咨询的合同管理

工程造价咨询企业应协助委托人采用适当的管理方式，建立健全的合同管理体系以实施全面合同管理，确保建设项目有序进行。全面合同管理应做到：

1）建立标准合同管理程序。

2）明确合同相关各方的工作职责、权限和工作流程。

3）明确合同工期、造价、质量、安全等事项的管理流程与时限等。

承担全过程造价咨询业务的工程造价咨询企业应协助委托人进行建设项目合同管理。建设项目合同管理包括合同签订前的管理与合同签订后的管理。

建设项目合同签订前的合同管理包括：招标策划、招标文件的拟定与审核、评标标准的制定、招标答疑、合同条款的拟定与审核、完善合同补充条款以及合同组卷与签订。

1）招标策划的相关要求如下：

① 招标策划的内容包括：发承包模式的选择，标段划分，总承包与专业分包之间、各专业分包之间、各标段之间发承包范围的界定，拟采用的合同形式和合同范本；

② 招标策划应考虑项目的类型、规模及复杂程度、进度要求、建设单位的参与程度、市场竞争状况、相关风险等因素；

③ 招标策划应在项目发承包阶段开始之前完成。对于投资规模大、建设期长、对于社会经济影响深远的项目，宜从项目决策阶段开始；

④ 招标策划应遵循有利于充分竞争、控制造价、满足项目建设进度要求以及招投标工作顺利有序的原则进行。

2）招标文件拟定与审核、合同条款拟定的相关要求如下：

① 根据项目的投资性质和特点，优先采用现行国家或行业推荐的合同范本或其他标准合同文本；

② 拟定与审核招标文件、合同条款应明确以下内容：合同采用的计价方式，主要材料、设备的供应和采购方式，工程计量与支付的方式，合同各方应承担的计价风险及超出约定的价款调整方式，工程索赔与工程签证的程序，合同争议的解决方式；

③ 根据合同形式和合同范本编写专用合同条款、明确计价方式及风险分担方式，明确合同范围及工程界面；

④ 根据材料和设备的价格及其占总造价的比重、品牌与品质及价格的关联度、招标人的管理协调能力，综合考虑造价、工期及质量因素，向委托人建议主要材料、设备的供应和采购方式。

建设项目合同签订后的合同管理包括：合同交底、合同台账管理、合同履约过程动态管理、合同变更与终止管理。

1）合同交底应以书面与口头结合的形式，对于影响建设项目工程造价的关键环节、管理制度、工作流程及相关权限等内容进行交底，包括：合同名称、合同价格、计价方式、调价依据及方式、支付方式、合同范围与工程界面、合同工期、合同开始时间、质量标准、主要违约责任、合同相关单位及其基本情况，建设单位关于项目的管理构架、管理制度及相关授权、影响建设项目造价的关键环节等，其中：

①合同工期包括：工期顺延条件、工期奖罚等；

②支付方式包括：支付节点和支付周期、申请和审核时间、代扣款（如水电费等）方式、质量保证金的返还、预付款的支付、履约保证形式、发票要求；

③影响建设项目造价的关键环节包括：工程变更、工程签证、工程索赔、竣工结算的相关流程及要求。

2）建立合同定期检查和沟通机制，检查合同的执行和落实情况，通过建立合同管理台账及时掌握影响造价及工期的相关信息，对合同履约情况实施动态管理，对于工程造价索赔和工期索赔应依据合同进行评估并将情况及时告知委托人，及时解决合同纠纷，保障合同顺利履行。

3）当工程合同终止时，工程造价咨询企业可接受委托协助委托人进行合同终止谈判并进行终止结算。

真题演练

1.（单选）编制工程量清单时，下列费用属于总承包服务费考虑范围的是（　　）。

A. 总承包人对专业工程的投标费

B. 总承包人自行采购工程设备的保护费

C. 总承包人施工现场的管理费

D. 竣工决算文件的编制费

2.（单选）EPC总承包模式中承包人应承担的工作（　　）。

A. 设计、采购、施工、试运行

B. 项目决策、设计、施工

C. 项目决策、采购、施工

D. 可行性研究、采购、施工

3.（单选）根据现行《标准设计施工总承包招标文件》，选用暂估价条款时，若发包人在价格清单中给定暂估价的材料，不属于依法必须招标的，则其价格与暂估价的差额应经确认后计入合同价款，履行该确认职能的应是（　　）。

A. 发包人　　　　　B. 监理人　　　　　C. 总承包人　　　　　D. 材料供应商

4.（单选）根据现行《标准设计施工总承包招标文件》，关于"合同价格"和"签约合同价"下列说法正确的是（　　）。

A. 合同价格是指签约合同价

B. 签约合同价中包括了专业工程暂估价

C. 合同价格不包括按合同约定进行的变更价款

D. 签约合同价一般高于中标价

5.（多选）根据现行《标准设计施工总承包招标文件》工程总承包项目合同中的暂列金额可用于支付签订合同时（　　）。

A. 不可预见的变更费用

B. 不可预见的变更施工费用

C. 已知必然发生，但暂时无法确定价格的专业工程费用

D. 已知必然发生，但暂时无法确定价格的工程设备购置费用

E. 以计日工方式的工程变更费用

单元2　决策阶段的工程造价咨询

2017 年，中国建设工程造价管理协会发布了《建设项目全过程造价咨询规程》（CECA/GC 4—2017），目的是在我国全面推广全过程咨询业务，自2017 年12 月1 日起实行。

一、全过程工程咨询的实施

社会投资项目可以直接委托实施全过程工程咨询服务。依法应当招标的项目，可在计划实施投资时通过招标方式委托全过程工程咨询服务；委托内容不包括前期投资咨询的，也可在项目立项后由项目法人通过招标方式委托全过程工程咨询服务。建设单位亦可通过招标或政府购买服务的方式将一个项目或多个项目一并打包委托全过程工程咨询服务。建设单位应与选定的全过程工程咨询企业以书面形式签订委托工程咨询合同。合同中应当明确履约期限、工作范围，双方的权利、义务和责任，工程咨询酬金及支付方式，合同争议的解决办法等。全过程工程咨询服务收费应当根据受托工程项目规模、范围、内容、深度和复杂程度等，由建设单位与工程咨询企业在工程咨询委托合同中约定。全过程工程咨询服务费应列入工程概算，各项专业服务费用可分别列支。全过程工程咨询服务费可实行基本酬金加奖励的方式，鼓励建设单位对全过程工程咨询企业提出并落实的合理化建议按照节约投资额的一定比例给予奖励，奖励比例由双方在合同中约定。两个及两个以上的工程咨询企业可以组成联合体以同一个投标人身份共同投标。联合体中标的，联合体各方应当共同与建设单位签订工程咨询委托合同，对工程咨询委托合同的履行承担连带责任。联合体各方应签订联合体协议，明确各方权利、义务和责任，并确定一方作为联合体的主要责任方。

建设项目投资估算

二、投资估算的相关概念

1. 投资估算的含义及作用

（1）投资估算的含义

投资估算是在投资决策阶段，以方案设计或可行性研究文件为依据，按照规定的程序、方法和依据，对拟建项目所需总投资及其构成进行的预测和估计，是在研究并确定项目的建设规模、产品方案、技术方案、工艺技术、设备方案、厂址方案、工程建设方案以及项目进度计划等的基础上，依据特定的方法，估算项目从筹建、施工直至建成投产所需全部建设资金总额并测算建设期各年资金使用计划的过程。投资估算的成果文件称为投资估算书。

投资估算按委托内容可分为建设项目、单项工程以及单位工程投资估算，工程造价咨询企业可接受委托编制或审核建设项目、单项工程以及单位工程投资估算。

（2）投资估算的作用

1）在项目建议书阶段，投资估算是项目主管部门审批项目建议书的依据之一，也是编

制项目规划、确定建设规模的参考依据。

2）在项目可行性研究阶段，投资估算是项目投资决策的重要依据，也是研究、分析、计算项目投资经济效果的重要条件。可研报告批准后，将作为设计任务书中下达的投资限额，即项目投资的最高限额，不得随意突破。

3）投资估算是设计阶段造价控制的依据。

4）投资估算可作为项目资金筹措及制订建设贷款计划的依据。

5）投资估算是核算建设项目固定资产投资需要额和编制固定资产投资计划的重要依据。

6）投资估算是建设工程设计招标、优选设计单位和设计方案的重要依据。

2. 投资估算的阶段划分与精度要求

工程造价咨询企业编制建设项目投资估算的精度应随建设项目决策分析与评价的不同阶段，即建设项目规划阶段、项目建议书（投资机会研究）阶段、初步可行性研究阶段、可行性研究阶段。不同阶段的投资估算精度要求见表6-1。

表6-1　项目决策分析与评价的不同阶段对投资估算精度的要求

序号	项目决策分析与评价的不同阶段	允许误差率
1	建设项目规划阶段	±30% 以内
2	项目建议书（投资机会研究）阶段	±30% 以内
3	初步可行性研究阶段	±20% 以内
4	可行性研究阶段	±10% 以内

三、投资估算的内容

投资估算文件一般由封点、签署页、编制说明、投资估算分析、总投资估算表、单项工程估算表、主要技术经济指标等内容组成。

1. 投资估算编制说明

投资估算编制说明一般包括以下内容：

1）工程概况。

2）编制范畴。

3）编制方式。

4）编制依据。

5）主要技术经济指标。

6）有关参数、率值选定的说明。

7）特殊问题的说明（包括采用新技术、新材料、新设备、新工艺）时，必须说明的价格的确定；入口材料、设备、技术费用的构成与计算参数；采用巨型结构、异形结构的费用估算方法；环保（不限于）投资占总投资的比重；未包括项目或费用的必要说明等。

8）采用限额设计的工程还应对投资限额和投资分解作进一步说明。

9）采用方案比选的工程还应对方案比选的估算和经济指标作进一步说明。

2. 投资估算分析

投资估算分析一般包括以下内容：

1）工程投资比例分析。一般建筑工程要分析土建、装潢、给水排水、电气、暖通、空调、能源等主体工程和道路、广场、围墙、大门、室外管线、绿化等室外附属工程总投资的比例；一般工业项目要分析主要生产项目（列出各生产安装）、帮助生产项目、公用工程项目（给水排水、供电和电讯、供气、总图运输及外管）、服务性工程、生活福利设施、厂外工程占建设总投资的比例。

2）分析设备购置费、建筑工程费、安装工程费、工程建设其他费用、预备费占建设总投资的比例；分析引进设备费用占全部设备费用的比例等。

3）分析影响投资的主要因素。

4）与国内类似工程项目的比较，分析说明投资高低的起因。投资分析可单独成篇，也可列入编制说明中叙述。

3. 总投资估算表

总投资估算表包括汇总单项工程估算、工程建设其他费用估算，估算根本预备费、价差预备费，计算建设期利息等。

1）单项工程估算应按建设项目划分的各个单项工程分别计算组成工程费用的建筑工程费、设备购置费、安装工程费。

2）工程建设其他费用估算应按预期将要发生的工程建设其他费用种类逐项具体估算其费用金额。

估算人员应根据项目特点计算并分析整个建设项目、各单项工程和主要单位工程的主要技术经济指标。

四、投资估算的编制

1. 投资估算的编制依据

1）国家、行业和地方政府的有关规定。

2）工程勘察与设计文件，图示计量或有关专业提供的主要工程量和主要设备清单。

3）项目所在地工程造价管理机构或行业协会等编制的投资估算指标、概算指标（定额）、工程建设其余费用定额（划定）、综合单价、价钱指数和有关制价文件等。

4）类似工程的各种技术经济指标和参数。

5）工程所在地的同期的工、料、机市场价格，建筑、工艺及从属设备的市场价格和有关费用。

6）政府有关部门、金融机构部门发布的价格指数、利率、汇率、税率等有关参数。

7）与建设项目相关的工程地质资料、设计文件、图纸等。

8）委托供给的其他技术经济资料。

2. 投资估算的编制要求

1）建设项目投资估算要根据主体专业设计的阶段和深度，结合各自行业的特点，所采用的生产工艺流程成熟性，编制者所控制的国家及地域、行业或部门相关投资估算基础资料和数据的合理、牢靠、完全水平（包括造价咨询机构本身统计和积累的可靠的相关造价基础资料）。

2）建设项目投资估算无论采用上述何种办法，其投资估算费用内容的分解应齐全，应不重不漏。

3）建设项目投资估算无论采用何种方法，应充分考虑拟建项目设计的技术参数和投资估算所采用的估算系数、估算指标在量与量方面的综合内容以及量算一致的准则。

4）建设项目投资估算无论采用何种措施，应将所采用的估算系数和估算指标价格、费用水平调整到项目建设所在地及投资估算编制年的理论水平。对于建设项目的边界条件，如建设用地费、外部交通费，或市政基本设施配套条件等的不同所产生的与主要生产内容投资无必定联系关系的费用，应联合建设项目的名称情况修改。

5）投资估算编制应内容全面、费用构成完整、计算合理，编制深度满足建设项目决策的不同阶段对经济评价的要求。工程造价咨询企业可接受委托，对由其他专业机构负责编制的建设项目投资估算进行审核，审核时应根据工程造价管理机构发布的计价依据及有关资料，对编制依据、编制方法、编制内容及各项费用进行审核，并向委托人提供审核意见及建议。

6）工程造价咨询企业可接受委托，依据投资估算内容和估算方法编制项目总投资表；根据估算的建设期利息、流动资金、项目进度计划及其他相关资料编制项目年度投资计划表。工程造价咨询企业可接受委托，依据投资估算、项目整体建设计划以及资金使用需求，协助委托人编制融资方案。

3. 投资估算的编制方法及步骤

（1）项目建议书阶段投资估算的编制方法

项目建议书阶段的投资估算一般要求编制总投资估算，总投资估算表中工程费用的内容纵向应分解到主要单项工程，工程建设其他费用可在总投资估算表中分项计算。

项目建议书阶段建设项目投资估算可采用生产能力指数法、系数估算法、比例估算法、混合法（生产能力指数法与比例估算法、系数估算法与比例估算法）、指标估算法等。

（2）可行性研究阶段投资估算的编制方法

可行性研究阶段投资估算的编制内容一般包含静态投资部分、动态投资部分与流动资金估算三部分。

（3）投资估算的编制步骤（图6-2）

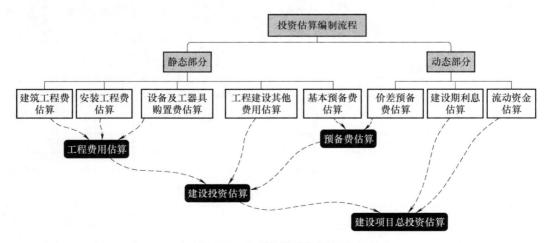

图6-2 投资估算的编制步骤

五、投资估算编制的参考格式

1. 投资估算封面格式（图6-3）

（工程名称）

投资估算

档案号

（编制单位名称）

（工程造价咨询单位执业章）

年　月　日

图 6-3　投资估算封面格式

2. 投资估算汇总表格式（表6-2）

表 6-2　投资估算汇总表

工程名称：

序号	工程工费用名称	估算价值/万元					技术经济指标			
		建筑工程费	设备及工器具购置费	安装工程费	其他费用	合计	单位	数量	单位价值	%
一	工程费用									
（一）	主要生产系统									
1										
2										
3										
...										
（二）	辅助生产系统									
1										
2										
3										
...										

（续）

序号	工程工费用名称	估算价值/万元					技术经济指标			
		建筑工程费	设备及工器具购置费	安装工程费	其他费用	合计	单位	数量	单位价值	%
（三）	公用及福利设施									
1										
2										
3										
…										
（四）	外部工程									
1										
2										
3										
…										
	小计									
二	工程建设其他费用									
1										
2										
3										
…										
	小计									
三	预备费									
1	基本预备费									
2	价差预备费									
…										
	小计									
四	建设期贷款利息									
五	流动资金									
	投资估计合计/万元									
	%									

编制人：　　　　　　　　　　　审核人：　　　　　　　　　　　审定人：

工程造价概论

3. 单项工程投资估算汇总表格式（表6-3）

表6-3　单项工程投资估算汇总表

工程名称：

序号	工程工费用名称	估算价值/万元					技术经济指标			
		建筑工程费	设备及工器具购置费	安装工程费	其他费用	合计	单位	数量	单位价值	%
一	工程费用									
（一）	主要生产系统									
1	××车间									
	一般土建									
	给水排水									
	采暖									
	通风空调									
	照明									
	工艺设备及安装									
	工艺金属结构									
	工艺管道									
	工业筑炉及保温									
	变配电设备及安装									
	仪表设备及安装									
	小计									
2										
3										

编制人：　　　　　　　　　审核人：　　　　　　　　　审定人：

 真题演练

1.（单选）关于项目投资估算的作用，下列说法中正确的是（　　　）。

A. 项目建议书阶段的投资估算，是确定建设投资最高限额的依据

B. 可行性研究阶段的投资估算，是项目投资决策的重要依据，不得突破

C. 投资估算不能作为制定建设贷款计划的依据

166

D. 投资估算是核算建设项目固定资产需要额的重要依据

2. （单选）某建设项目投资估算中，建设管理费 2000 万元，可行性研究费 100 万元，勘察设计费 5000 万元，引进技术和引进设备其他费 400 万元，市政公用设施建设及绿化费 2000 万元，专利权使用费 200 万元，非专利技术使用费 100 万元，生产准备及开办费 500 万元。则按形成资产法编制建设投资估算表，计入固定资产其他费用、无形资产费用和其他资产费用的金额分别为（　　）。

A. 10000 万元、300 万元、0 万元
B. 9600 万元、700 万元、0 万元
C. 9500 万元、300 万元、500 万元
D. 9100 万元、700 万元、500 万元

3. （单选）投资估算的主要工作包括：①估算预备费，②估算工程建设其他费，③估算工程费用，④估算设备购置费。其正确的工作步骤是（　　）。

A. ③④②① 　　　　　　B. ③④①②
C. ④③②① 　　　　　　D. ④③①②

4. （多选）下列估算方法中，不适用于可行性研究阶段投资估算的有（　　）。

A. 生产能力指数 　　　　B. 比例估算法
C. 系数估算法 　　　　　D. 指标估算法
E. 混合法

5. （单选）关于我国项目前期各阶段投资估算的精度要求，下列说法中正确的是（　　）。

A. 项目建议书阶段，允许误差大于 ±30%
B. 投资设想阶段，要求误差控制在 ±30% 以内
C. 预可行性研究阶段，要求误差控制在 ±20% 以内
D. 可行性研究阶段，要求误差控制在 ±15% 以内

单元3　设计阶段的工程造价预测

一、全过程咨询中设计概算编制与审核的要求

1）工程造价咨询企业可接受委托编制或审核建设项目、单项工程、单位工程设计概算以及调整概算。

2）工程造价咨询企业编制的建设项目设计概算总投资应包括建设投资、建设期利息、固定资产投资方向调节税及流动资金。

3）工程造价咨询企业编制设计概算时，应延续已批准的建设项目投资估算编制范围、工程内容和工程标准，并将设计概算控制在已经批准的投资估算范围内。如发现投资估算存在偏差，应在设计概算编制与审核时予以修正和说明。

4）设计概算的编制依据、编制方法、成果文件的格式和质量要求应符合现行的中国建设工程造价管理协会标准《建设项目设计概算编审规程》（CECA/GC 2—2015）的要求。

5）工程造价咨询企业接受委托对建设项目设计概算进行审核时，应审核建设项目总概算、单项工程综合概算、单位工程概算的准确性，并提出相关的合理化建议。

6）工程造价咨询企业对于设计概算的审核可采用对比分析法、主要问题复核法、查询核实法、分类整理法、联合会审法等方法，并应依据工程造价管理机构发布的计价依据及有关资料，分别审核编制依据、编制方法、编制内容及各项费用。

7）工程造价咨询企业在编制或审核设计概算时，应比较并分析设计概算费用与对应的投资估算费用组成，提出相应的比较分析意见与建议。

8）提供全过程造价咨询服务的咨询企业应根据经批准的建设项目设计概算，参照项目招标策划将设计概算值分解到各标段中，作为各招标标段的参考造价控制目标。

9）工程造价咨询企业应根据建设项目设计概算、已确定的项目实施计划和招标策划，编制建设项目资金使用计划书。

设计概算

二、设计概算的含义及作用

1. 设计概算的含义

设计概算是以初步设计文件为依据，按照规定的程序、方法和依据，对建设项目总投资及其构成进行概略计算。设计概算的编制内容包括静态投资和动态投资两个层次。静态投资作为考核工程设计和施工图预算的依据；动态投资作为项目筹措、供应和控制资金使用的限额。

政府投资项目设计概算经批准后，一般不得调整。因项目建设期价格大幅上涨、政策调整、地质条件发生重大变化和自然灾害等不可抗力因素等原因导致原核定概算不能满足工程实际需要的，可以向国家发展改革委申请调整概算。概算调增幅度超过原批复概算百分之十的，概算核定部门原则上先商请审计机关进行审计，并依据审计结论进行概算调整。一个工程只允许调整一次概算。

2. 设计概算的作用

1）设计概算是编制固定资产投资计划，确定和控制项目投资的依据。政府投资项目设计概算一经批准，将作为控制建设项目投资的最高限额。

2）设计概算是控制施工图设计和施工图预算的依据。

3）设计概算是衡量设计方案技术经济合理性和选择最佳设计方案的依据。

4）设计概算是编制最高投标限价（招标控制价）的依据。

5）设计概算是签订建设工程合同和贷款合同的依据。

6）设计概算是考核建设项目投资效果的依据。

三、设计概算的内容

按照现行的《建设项目设计概算编审规程》（CECA/GC 2—2015）的相关规定，设计概算文件的编制应采用单位工程概算、单项工程概算、建设项目总概算三级概算编制形式。当建设项目为一个单项工程时，可采用单位工程概算、总概算两级概算编制形式。三级概算之间的相互关系和费用构成，如图6-4所示。单项工程综合概算的组成，如图6-5所示。建设项目总概算的组成，如图6-6所示。

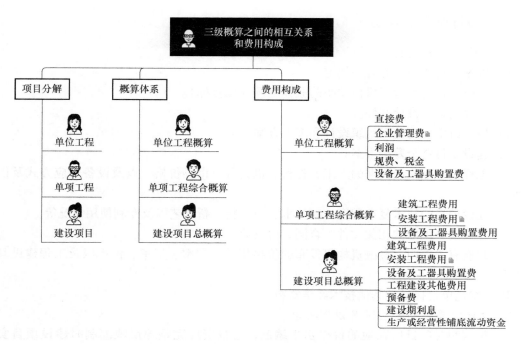

图 6-4　三级概算之间的相互关系和费用构成图

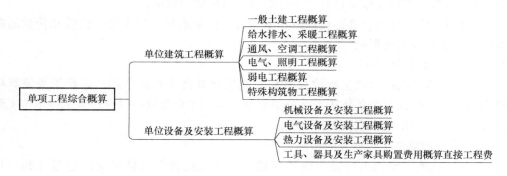

图 6-5　单项工程综合概算的组成图

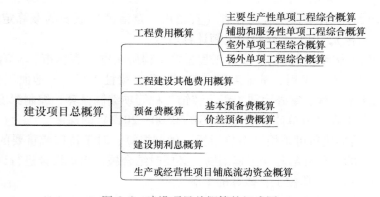

图 6-6　建设项目总概算的组成图

工程造价概论

四、设计概算的编制

1. 设计概算的编制依据

1）国家、行业和地方有关规定。

2）相应工程造价管理机构发布的概算定额（或指标）。

3）工程勘察与设计文件。

4）拟定或常规的施工组织设计和施工方案。

5）建设项目资金筹措方案。

6）工程所在地编制同期的人工、材料、机具台班市场价格，以及设备供应方式及供应价格。

7）建设项目的技术复杂程度，新技术、新材料、新工艺以及专利使用情况等。

8）建设项目批准的相关文件、合同、协议等。

9）政府有关部门、金融机构等发布的价格指数、利率、汇率、税率以及工程建设其他费用等。

10）委托单位提供的其他技术经济资料。

2. 设计概算编制时应满足以下要求

1）按编制时项目所在地的价格水平编制，总投资应完整地反映编制时建设项目实际投资。

2）设计概算应考虑建设项目施工条件等因素对投资的影响。

3）设计概算应按项目合理建设期限预测建设期价格水平，以及资产租赁和贷款的时间价值等动态因素对投资的影响。

3. 单位工程概算的编制

单位工程概算是编制单项工程综合概算（或项目总概算）的依据，单位工程概算项目根据单项工程中所属的每个单体按专业分别编制。单位工程概算一般分建筑工程单位工程概算、设备及安装工程单位工程概算两大类。

（1）建筑工程单位工程概算的编制

1）建筑工程概算费用内容及组成见《建筑安装工程费用项目组成》建标［2013］44号文件。

2）建筑工程概算采用"建筑工程概算表"编制，按构成单位工程的主要分部分项工程编制，根据初步设计工程量按工程所在省（直辖市、自治区）颁发的概算定额（指标）或行业概算定额（指标），以及工程费用定额计算。

3）以房屋建筑为例，根据初步设计工程量按工程所在省（直辖市、自治区）颁发的概算定额（指标）分土石方工程、基础工程、墙壁工程、梁柱工程、楼地面工程、门窗工程、屋面工程、保温防水工程、室外附属工程、装饰工程等项编制概算，编制深度宜达到现行国家标准《建设工程工程量清单计价规范》（GB 50500—2013）的深度。

4）对于通用结构建筑可采用"造价指标"编制概算；对于特殊或重要的建构筑物，必须按构成单位工程的主要分部分项工程编制，必要时结合施工组织设计进行详细计算。

（2）设备及安装工程单位工程概算的编制

1）设备及安装工程概算费用的组成包括设备购置费和安装工程费。

2）设备购置费的组成及计算方法：

① 定型或成套设备：

设备费 = 设备出厂价 + 运输费 + 采购保管费

② 非标准设备：原有有多种不同的计算方法，如综合单价法、成本计算估价法、系列设备插入估价法、分部组合估价法、定额估价法等。一般采用不同种类设备综合单价法计算，计算公式如下：

设备费 = $\sum$综合单价(元/吨) × 设备单重(吨)

③ 进口设备：费用分外币和人民币两种支付方式，外币部分按美元或其他国际主要流通货币计算。进口设备的国外运输费、国外运输保险费、关税、消费税、进口环节增值税、外贸手续费、银行财务费、国内运杂费等，按照引进货价（FOB 或 CIF）计算后进入相应的设备购置费中。

④ 超限设备运输特殊措施费：是指当设备质量、尺寸超过铁路、公路等交通部门所规定的限度，在运输过程中须进行路面处理、桥涵加固、铁路设施改造或造成正常交通中断进行补偿所发生的费用，应根据超限设备运输方案计算超限设备运输特殊措施费。

3）安装工程费的组成及计算方法：

安装工程费用内容组成以及工程费用计算方法见《建筑安装工程费用项目组成》建标［2013］44 号文件；其中，辅助材料费按概算定额（指标）计算，主要材料费以消耗量按工程所在地慨算编制期预算价格（或市场价）计算。

进口材料费用计算方法与进口设备费用计算方法相同。

设备及安装工程概算采用"设备及安装工程概算表"形式，按构成单位工程的主要分部分项工程编制，根据初步设计工程量，按工程所在省（直辖市、自治区）颁发的概算定额（指标）或行业概算定额（指标）以及工程费用定额计算。

概算编制深度可参照现行国家标准《建设工程工程量清单计价规范》（GB 50500—2013）的深度执行。

以全费用综合单价法为例，具体格式参见表 6-4，所使用的综合单价应编制综合单价分析表见表 6-5，设备及安装工程概算表见表 6-6，设备及安装工程设计概算综合单价分析表见表 6-7。

表 6-4 建筑工程概算表

单位工程概算编号：_____ 工程名称（单项工程）：_____ 共 页 第 页

序号	项目编码	工程项目或费用名称	项目特征	单位	数量	综合单价/元	合价/元
一		分部分项工程					
（一）		土石方工程					
1		××××××					
（二）		砌筑工程					
1		××××××					
（三）		楼地面工程					
1		××××××					
（四）		××工程					
二		可计量措施项目					
（一）		××工程					

（续）

序号	项目编码	工程项目或费用名称	项目特征	单位	数量	综合单价/元	合价/元
1		×××××××					
（二）		××工程					
1		××××××					
三		综合取定的措施项目费					
1		安全文明施工费					
2		夜间施工增加费					
3		二次搬运费					
4		冬雨季施工增加费					
5		已完工程及设备保护费					
6		工程定位复测费					
7		特殊地区施工增加费					
8		大型机械设备进出场及安拆费					
		合计					

注：表中综合单介应通过综合单价分析表计算获得。

编制人：　　　　　　　　　　　审核人：　　　　　　　　　　　审定人：

表 6-5　建筑工程设计概算综合单价分析表

项目编码		项目名称		计量单位		工程数量	

综合单价组成分析

定额编号	定额名称	定额单位	定额直接费单价/元			直接费合价/元		
			人工费	材料费	机械费	人工费	材料费	机械费

间接费计算	类别	取费基数描述	取费基数	费率（%）	金额/元	备注
	管理费	如：人工费				
	利润	如：直接费				
	规费					
	税金					

综合单价/元						
概算定额人、材、机消耗量和单价分析	人、材、机项目名称及规格、型号	单位	消耗量	单价/元	合价/元	备注

注：1. 本表适用于采用定额法的分部分项工程项目以及可以计量措施项目的综合单价分析。

　　2. 在进行消耗量和单价分析时，消耗量采用定额消耗量，单价应为报告编制期的市场价。

编制人：　　　　　　　　　　　审核人：　　　　　　　　　　　审定人：

表 6-6　设备及安装工程概算表

单位工程概算编号：_____　　　工程名称（单项工程）：_____　　　共　页　第　页

序号	项目编码	工程项目或费用名称	项目特征	单位	数量	综合单价/元			合价/元		
						设备购置费	安装工程费		设备购置费	安装工程费	
							主材料	安装费		主材费	安装费
一		分部分项工程									
（一）		设备安装									
1		××××××									
（二）		管道安装									
1		××××××									
（三）		防腐保温									
1		××××××									
（四）		××工程									
二		可计量措施项目									
（一）		××工程									
1		××××××									
三		综合取定的措施项目费									
1		安全文明施工费									
2		夜间施工增加费									
3		二次搬运费									
4		冬雨季施工增加费									
5		已完工程及设备保护费									
6		工程定位复测费									
7		特殊地区施工增加费									
8		大型机构设备进出场及安拆费									
		合计									

注：1. 表中综合单价应通过综合单份分析表计算获得。

2. 按现行国家标准《建设工程计价设备材料划分标准》（GB/T 50531—2009），装置性主材计入设置费。

编制人：　　　　　　　　　审核人：　　　　　　　　　审定人：

表 6-7　设备及安装工程设计概算综合单价分析表

单位工程概算编号：_____　　　工程名称（单项工程）：_____　　　共　页　第　页

项目编码		项目名称		计量单位		工程数量	
综合单价组成分析							
设备名称		设备规格及型号		设备购置费/元			
主材名称	单位	主材耗量	主材单价/元		主材费/元		
定额编号	定额名称	定额单位	定额直接费单价/元			直接费合价/元		
			人工费	材料费	机械费	人工费	材料费	机械费
间接费计算	类别	取费基数描述	取费基数	费率（%）	金额/元	备注	
	管理费						
	利润						
	规费						
	税金						
综合单价/元							
概算定额人、材、机消耗量和单价分析	人、材、机项目名称及规格、型号	单位	消耗量	单价/元	合价/元	备注	

注：1. 本表适用于采用定额法的分部分项工程项目，以及可以计量措施项目的综合单价分析。
　　2. 在进行消耗量和单价分析时，消耗量应采用定额消耗量，单价应为报告编制期的市场价。

编制人：　　　　　　　　审核人：　　　　　　　　审定人：

4. 单项工程综合概算的编制

单项工程综合概算是确定单项工程建设费用的综合性文件，是由该单项工程所属的各单位工程概算汇总而成的，是建设项目总概算的组成部分。

单项工程综合概算采用综合概算表进行编制。对单一的、具有独立性的单项工程建设项目，按照两级概算编制形式，直接编制总概算。

综合概算表是根据单项工程所管辖范围内的各单位工程概算等基础资料，按照国家或部委所规定统一表格进行编制。

综合概算一般应包括建筑工程费用、安装工程费用、设备及工器具购置费。工业建筑，其概算包括建筑工程和设备及安装工程；民用建筑，其概算包括土建工程、给水排水、采暖、通风及电气照明工程等。单项工程综合概算表见表6-8。

5. 建设项目总概算的编制

建设项目总概算是从筹建到竣工交付使用所花费的全部费用文件。它是由各单项工程综合概算、工程建设其他费用、建设期利息、预备费和经营性项目的铺底流动资金概算所组成，按照主管部门规定的统一表格进行编制。

表 6-8 单项工程综合概算表

单位工程概算编号：_____ 　　　　工程名称（单项工程）：_____ 　　　　共 页 第 页

项目编码		项目名称		计量单位		工程数量	
综合单价组成分析							
设备名称		设备规格及型号			设备购置费/元		
主材名称	单位	主材耗量	主材单价/元			主材费/元	
定额编号	定额名称	定额单位	定额直接费单价/元			直接费合价/元		
			人工费	材料费	机械费	人工费	材料费	机械费
间接费计算	类别	取费基数描述	取费基数	费率（%）		金额/元	备注
	管理费						
	利润						
	规费						
	税金						
综合单价/元							
概算定额人、材、机消耗量和单价分析	人、材、机项目名称及规格、型号	单位	消耗量	单价/元	合价/元	备注	

注：1. 本表适用于采用定额法的分部分项工程项目，以及可以计量措施项目的综合单价分析。
　　2. 在进行消耗量和单价分析时，消耗量应采用定额消耗量，单价应为报告编制期的市场价。

编制人：　　　　　　　　　审核人：　　　　　　　　　审定人：

　　设计总概算文件应包括：编制说明、总概算表、各单项工程综合概算书、工程建设其他费用概算表、主要建筑安装材料汇总表。具体内容如下：

　　（1）封面、签署页及目录、编制说明

　　1）工程概况，引进项目要说明引进内容以及与国内配套工程等主要情况。

　　2）编制依据。

　　3）编制方法，说明设计概算是采用概算定额法，还是采用概算指标法或其他方法。

　　4）主要设备、材料的数量。

　　5）主要技术经济指标，主要包括项目概算总投资及主要分项投资、主要技术经济指标（主要单位投资指标）等。

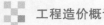

6）工程费用计算表，主要包括建筑工程费用计算表、工艺安装工程费用计算表、配套工程费用计算表和其他计算表。

7）引进设备材料有关费率取定及依据，主要是关于国际运输费、国际运输保险费、关税、增值税、国内运杂费、其他有关税费等。

8）引进设备材料从属费用计算表。

（2）总概算表

总概算表格式见表6-9，此表适用于采用三级编制形式的总概算。

表6-9　总概算表

总概算编号：_____　　　　　　工程名称：　　　　　单位：万元　共　页　第　页

序号	概算编号	工程项目或费用名称	建筑工程费	设备购置费	安装工程费	其他费用	合计	其中：引进部分		占总投资比例（%）
								美元	折合人民币	
一		工程费用								
1		主要工程								
（1）		××××××								
…		…								
2		辅助工程								
（1）		××××××								
…		…								
3		配套工程								
（1）		××××××								
…		…								
二		工程建设其他费用								
1		××××××								
2		××××××								
…		…								
三		预备费								
四		建设期利息								
五		铺底流动资金								
		建设项目概算总投资								

编制人：　　　　　　　　　　　审核人：　　　　　　　　　　审定人：

总概算表主要内容包括：

1）工程建设其他费用概算表，按国家或地区或部委所规定的项目和标准确定，按统一格式编制，格式见表6-10。

表6-10　工程建设其他费用概算表

工程建设其他费用编号：_____　　　费用名称：_____　单位：万元（元）　共 页 第 页

序号	费用项目名称	费用计算基数	费率（%）	金额	计算公式	备注
	合计					

编制人：　　　　　　　　　　审核人：　　　　　　　　　　审定人：

2）单项工程综合概算表和建筑安装单位工程概算表。

3）主要建筑安装材料汇总表，针对每一个单项工程列出钢筋、型钢、水泥、木材等主要建筑安装材料的消耗量。

真题演练

1.（单选）设计概算一经批准一般不得进行调整，其总投资反映（　　）时的价格水平。

A. 项目立项　　　　B. 可行性研究　　　　C. 概算编制　　　　D. 项目施工

2.（单选）采用概算定额法编制设计概算的主要工作有：①列出分部分项工程项目名称并计算工程量，②搜集基础资料，③编写概算编制说明，④计算措施项目费，⑤确定各分部分项工程费，⑥汇总单位工程概算造价。下列工作排序正确的是（　　）。

A. ②①⑤④⑥③　　　　　　　　　B. ②③①⑤④⑥

C. ③②①④⑤⑥　　　　　　　　　D. ②①③⑤④⑥

3.（单选）关于设计概算的编制，下列计算式正确的是（　　）。

A. 单位工程概算＝人工费＋材料费＋施工机具使用费＋企业管理费＋利润

B. 单项工程综合概算＝建筑工程费＋安装工程费＋设备及工器具购置费

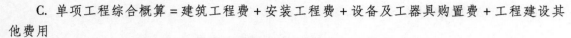

C. 单项工程综合概算 = 建筑工程费 + 安装工程费 + 设备及工器具购置费 + 工程建设其他费用

D. 建设项目总概算 = 各单项工程综合概算 + 建设期利息 + 预备费

4.（单选）关于建设项目总概算的编制，下列说法中正确的是（　　　）。

A. 项目总概算应按照建设单位规定的统一表格进行编制

B. 对工程建设其他费的各组成项目应分别列项计算

C. 主要建筑安装材料汇总表只需列出建设项目的钢筋、水泥等主要材料各自的总消耗量

D. 总概算编制说明应装订于总概算文件最后

5.（多选）建筑工程概算的编制方法主要有（　　　）。

A. 设备价值百分比法　　　　　　　　　B. 概算定额法

C. 综合吨位指标法　　　　　　　　　　D. 概算指标法

E. 类似工程预算法

6.（多选）下列文件中，包括在建设项目总概算文件中的有（　　　）。

A. 总概算表

B. 单项工程综合概算表

C. 工程建设其他费用概算表

D. 主要建筑安装材料汇总表

E. 分年投资计划表

单元4　施工图预算的编制

施工图预算

一、施工图预算的含义、作用及内容

1. 施工图预算的含义

以施工图设计文件为依据，按照规定的程序、方法和依据，在工程施工前对工程项目的工程费用进行的预测与计算，形成施工图预算书，对工程建设资金做出较精确计算。建设项目施工图预算是施工图设计阶段合理确定和有效控制工程造价的重要依据。

1）计划或预期性质：按照政府统一规定的预算单价、取费标准、计价程序计算而得到的。

2）市场性质：企业根据自身的实力即企业定额、资源市场单价以及市场供求及竞争状况计算得到的。

2. 施工图预算的作用

1）施工图预算对投资方的作用：施工图预算是控制造价及资金合理使用的依据，施工图预算可以作为确定合同价款、拨付工程进度款及办理工程结算的基础。

2）施工图预算对施工企业的作用：施工图预算是施工企业控制工程成本的依据。

3）施工图预算对其他方面的作用：施工图预算对于工程咨询单位、其他中介服务企业

以及工程造价管理部门而言，都有着不同的作用。

3. 施工图预算的内容

三级预算编制形式的施工图预算由建设项目总预算、单项工程综合预算和单位工程预算组成。建设项目总预算由单项工程综合预算汇总而成，单项工程综合预算由组成本单项工程的各单位工程预算汇总而成，单位工程预算包括建筑工程预算和设备及安装工程预算。二级预算编制形式的施工图预算由建设项目总预算和单位工程预算组成。当建设项目只有一个单项工程时，单位工程预算和项目总预算为同一编制形式。

二、施工图预算的具体编制

1. 编制依据

1）国家、行业、地方政府发布的计价依据、有关法律法规或规定。

2）建设项目有关文件、合同、协议等。

3）批准的设计概算。

4）批准的施工图设计图纸及相关标准图集和规范。

5）相应预算定额和地区单位估价表。

6）合理的施工组织设计和施工方案等文件。

7）项目有关的设备、材料供应合同，价格及相关说明书。

8）项目所在地区有关的气候、水文、地质地貌等的自然条件。

9）项目的技术复杂程度，以及新技术、专利的使用情况等。

10）项目所在地区有关的经济、人文等社会条件。

2. 编制方法

施工图预算的主要编制方法有单价法和实物量法，其中单价法分为工料单价法和全费用综合单价法。在单价法中，使用较多的还是工料单价法。

（1）工料单价法

工料单价法是以分项工程的单价为工料单价，将分项工程量乘以对应分项工程单价后的合计作为单位工程直接费，直接费汇总后，再根据规定的计算方法计取企业管理费、利润、规费和税金，将上述费用汇总后得到该单位工程的施工图预算造价，如图 6-7 所示。

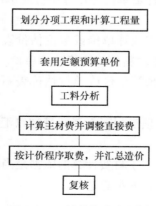

图 6-7　工料单价法流程图

利用工料单价法编制施工图预算的基本步骤包括：

1）准备工作。准备工作阶段应主要完成以下工作内容：

① 收集编制施工图预算的编制依据。其中主要包括现行建筑安装定额、取费标准、工程量计算规则、地区材料预算价格以及市场材料价格等各种资料，见表6-11。

② 熟悉施工图等基础资料。

③ 了解施工组织设计和施工现场情况。

表6-11　工料单价法收集资料一览表

序号	资料分类	资料内容
1	国家规范	国家或省级、行业建设主管部门颁发的计价依据和办法
2		预算定额
3	地方规范	××地区建筑工程消耗量标准
4		××地区建筑装饰工程消耗量标准
5		××地区安装工程消耗量标准
6	建设项目有关资料	建设工程设计文件及相关资料，包括施工图纸等
7		施工现场情况、工程特点及常规施工方案
8		经批准的初步设计概算或修正概算
9		工程所在地的劳资、材料、税务、交通等方面资料
10	其他有关资料	—

2）列项并计算工程量。工程量应遵循一定的顺序逐项计算，避免漏算和重算。

① 根据工程内容和定额项目，列出需计算工程量的分项工程。

② 根据一定的计算顺序和计算规则，列出分项工程量的计算式。

③ 根据施工图纸上的设计尺寸及有关数据，代入计算式进行数值计算。

④ 对计算结果计量单位进行调整，使之与定额中相应的分项工程的计量单位保持一致。

3）套用定额预算单价，计算直接费。计算直接费时需要注意以下几个问题：

① 分项工程的名称、规格、计量单位与预算单价或单位估价表中所列内容完全一致时，可以直接套用预算单价。

② 分项工程的主要材料品种与预算单价或单位估价表中规定材料不一致时，不可以直接套用预算单价，需要按实际使用材料价格换算预算单价。

③ 分项工程施工工艺条件与预算单价或单位估价表不一致而造成人工、机械的数量增减时，一般调量不调价。

4）编制工料分析表。将各分项工程工料消耗量加以汇总，得出单位工程人工、材料的消耗数量，见表6-12。

5）计算主材费并调整直接费。主材费计算的依据是当时当地的市场价格。

6）按计价程序计取其他费用，并汇总造价。

7）复核。

8）填写封面、编制说明。

表 6-12　分项工程工料分析表

项目名称：

序号	定额编号	分项工程名称	单位	工程量	人工（工日）	主要材料			其他材料费/元
						材料 1	材料 2	…	

编制人：　　　　　　　　审核人：　　　　　　　　审定人：

（2）实物量法

用实物量法编制单位工程施工图预算，就是根据施工图计算的各分项工程量分别乘以地区定额中人工、材料、施工机具台班的定额消耗量，分类汇总得出该单位工程所需的全部人工、材料、施工机具台班消耗数量，然后再乘以当时当地人工工日单价、各种材料单价、施工机械台班单价、施工仪器仪表台班单价，求出相应的人工费、材料费、机具使用费。企业管理费、利润、规费和税金等费用计取方法与工料单价法相同。

实物量法编制施工图预算的基本步骤（图 6-8）包括：

1）准备资料、熟悉施工图纸。实物量法准备资料时，除准备工料单价法的各种编制资料外，重点应全面收集工程造价管理机构发布的工程造价信息及各种市场价格信息。

2）列项并计算工程量。

3）套用消耗量定额，计算人工、材料、施工机具台班消耗量。统计汇总后确定单位工程所需的各类人工工日消耗量、各类材料消耗数量和各类施工机具台班数量。

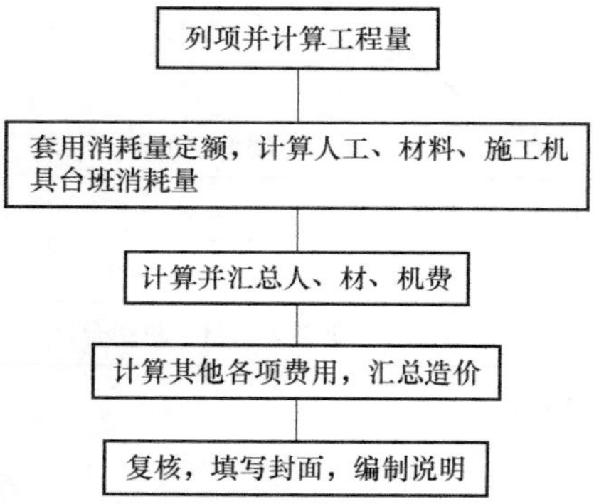

```
列项并计算工程量
      ↓
套用消耗量定额，计算人工、材料、施工机
具台班消耗量
      ↓
计算并汇总人、材、机费
      ↓
计算其他各项费用，汇总造价
      ↓
复核，填写封面，编制说明
```

图 6-8　实物量法流程图

4）计算并汇总人工费、材料费和施工机具使用费。根据当时当地工程造价管理部门定期发布的或企业根据市场价格汇总得到单位工程直接费。

5）计算其他各项费用，汇总造价。本步骤与工料单价法相同。

6）复核、填写封面、编制说明。

（3）工料单价法与实物量法计算公式

1）工料单价法：

建筑安装工程预算造价 = $\sum$（分项工程量 × 分项工程工料单价）+ 企业管理费 + 利润 + 规费 + 税金

2）实物量法：

建筑安装工程预算造价 = 单位工程直接费 + 企业管理费 + 利润 + 规费 + 税金

单位工程直接费 = 单位工程人工消耗量 × 人工日工资单价 + 单位工程材料消耗量 × 材料单价 + 单位工程施工机械消耗量 × 机械台班单价 + 单位工程仪器仪表台班消耗量 × 仪器仪表台班单价

定额基价 = 人工费 + 材料费 + 机具使用费

人工费 = ∑ (现行预算定额中各种人工工日用量 × 人工日工资单价)

材料费 = ∑ (现行预算定额中各种材料耗用量 × 相应材料单价)

机具使用费 = ∑ (现行预算定额中机械台班用量 × 机械台班单价) + ∑ (仪器仪表台班用量 × 仪器仪表台班单价)

注： ※实物量法与定额单价法首尾部分的步骤基本相同，所不同的主要是中间两个步骤。

3. 单位工程施工图预算书编制

1) 单位建筑工程预算表和取费表见表 6-13 和表 6-14。

表 6-13　建筑工程预算表

项目名称：

序号	定额编号	工程项目或定额名称	单位	数量	单价	其中：人工费/元	合价/元	其中：人工费
一		土石方工程						
1	××	××						
2	××	××						
二		砌筑工程						
1	××	××						
2	××	××						
三		楼地面工程						
1	××	××						
2	××	××						
		定额人、材、机费合计						

编制人：　　　　　　　　　　　审核人：　　　　　　　　　　　审定人：

表 6-14　建筑工程取费表

单项工程预算编号：　　　　　　　　工程名称（单位工程）：

序号	工程项目或费用名称	表达式	费率（%）	合价/元
1	定额人、材、机费			
2	其中：人工费			
3	其中：材料费			
4	其中：机械费			
5	企业管理费			
6	利润			
7	规费			
8	税金			
9	单位建筑工程费用			

编制人：　　　　　　　　　　　审核人：　　　　　　　　　　　审定人：

2）单位设备及安装工程预算表和取费表见表 6-15 和表 6-16。

表 6-15　设备及安装工程预算表

项目名称：

序号	定额编号	工程项目或定额名称	单位	数量	单价	其中：人工费/元	合价/元	其中：人工费
一		设备安装						
1	××	××						
2	××	××						
二		管道安装						
1	××	××						
2	××	××						
三		防腐保温						
1	××	××						
2	××	××						
		定额人、材、机费合计						

编制人：　　　　　　　　　　　审核人：　　　　　　　　　　　审定人：

表 6-16　设备及安装工程取费表

单项工程预算编号：　　　　　　　　　　工程名称（单位工程）：

序号	工程项目或费用名称	表达式	费率（%）	合价/元
1	定额人、材、机费			
2	其中：人工费			
3	其中：材料费			
4	其中：机械费			
5	企业管理费			
6	利润			
7	规费			
8	税金			
9	单位设备及安装工程费用			

编制人：　　　　　　　　　　　审核人：　　　　　　　　　　　审定人：

4. 单项工程综合预算的编制

单项工程综合预算由各单位工程预算造价汇总而成。

单项工程综合预算书主要由综合预算表构成，见表 6-17。

工程造价概论

表 6-17　综合预算表

综合预算编号：　　　　　　　　　　　工程名称：　　　　　　　　　（单位：万元）

序号	预算编号	工程项目或费用名称	设计规模或主要工程量	建筑工程费	设备及工器具购置费	安装工程费	合计	其中：引进部分
一		主要工程						
1	××	××						
2	××	××						
二		辅助工程						
1	××	××						
2	××	××						
三		配套工程						
1	××	××						
2	××	××						
		各单项工程预算费用合计						

编制人：　　　　　　　　　　审核人：　　　　　　　　　审定人：

5. 建设项目总预算的编制

三级：总预算 = ∑单项工程综合预算 + 工程建设其他费 + 预备费 + 建设期利息 + 铺底流动资金

三级工程预算文件包括：封面、签署页及目录、编制说明、总预算表、综合预算表、单位工程预算表、附件七项内容，总预算表见表 6-18。

表 6-18　总预算表

总预算编号：　　　　　　　　　　　工程名称：　　　　　　　　　（单位：万元）

序号	预算编号	工程项目或费用名称	建筑工程费	设备及工器具购置费	安装工程费	其他费用	合计	其中：引进部分	占总投资比例（%）
一		工程费用							
1		主要工程							
	××	××							
	××	××							
2		辅助工程							
	××	××							
	××	××							
3		配套工程							
	××	××							

（续）

序号	预算编号	工程项目或费用名称	建筑工程费	设备及工器具购置费	安装工程费	其他费用	合计	其中：引进部分	占总投资比例（%）
二		其他费用							
1	××	××							
2	××	××							
三		预备费							
四		专项费用							
1	××	××							
2	××	××							
		建设项目预算总投资							

编制人：　　　　　　　　　　　审核人：　　　　　　　　　　　审定人：

真题演练

1.（单选）编制某单位工程施工图预算时，先根据地区统一单位估价表中的各项工程工料单价，乘以相应的工程量并相加，得到单位工程的人工费、材料费和机具使用费三者之和，再汇总其他费用求和。这种编制预算的方法是（　　　）。

A. 工料单价法　　　　　　　　　　B. 综合单价法

C. 全费用单价法　　　　　　　　　D. 实物量法

2.（单选）用工料单价法计算建筑安装工程费时需套用定额预算单价，下列做法正确的是（　　　）。

A. 分项工程名称与定额名称完全一致时，直接套用定额预算单价

B. 分项工程计量单位与定额计量单位完全一致时，直接套用定额预算单价

C. 分项工程主要材料品种与预算定额不一致时，直接套用定额预算单价

D. 分项工程施工工艺条件与预算定额不一致时，调整定额预算单价后套用

参 考 文 献

［1］ 全国造价工程师职业资格考试培训教材编审委员会. 建设工程计价［M］. 北京：中国计划出版
社，2019.

［2］ 全国造价工程师职业资格考试培训教材编审委员会. 建设工程造价管理［M］. 北京：中国计划出版
社，2019.

［3］ 吴佐民. 工程造价概论［M］. 北京. 中国建筑工业出版社，2019.

［4］ 何辉，吴瑛. 工程建设定额原理与实务.［M］. 北京：中国建筑工业出版社，2009.

［5］ 陆泽荣，刘占省. BIM 技术概论［M］. 北京. 中国建筑工业出版社，2018.